Periodic Table of Elements

1A ← U.S. system
(1) ← IUPAC system

1 ← 원자번호
H ← 원소기호
1.0079 ← 원자량

Li	금속
B	반금속
He	비금속

	1A (1)	2A (2)	3B (3)	4B (4)	5B (5)	6B (6)	7B (7)	8B (8)	8B (9)	8B (10)	1B (11)	2B (12)	3A (13)	4A (14)	5A (15)	6A (16)	7A (17)	8A (18)
1	1 H 1.0079																	2 He 4.0026
2	3 Li 6.941	4 Be 9.0122											5 B 10.811	6 C 12.011	7 N 14.007	8 O 15.999	9 F 18.998	10 Ne 20.180
3	11 Na 22.990	12 Mg 24.305											13 Al 26.982	14 Si 28.086	15 P 30.974	16 S 32.066	17 Cl 35.453	18 Ar 39.948
4	19 K 39.098	20 Ca 40.078	21 Sc 44.956	22 Ti 47.88	23 V 50.942	24 Cr 51.996	25 Mn 54.938	26 Fe 55.847	27 Co 58.933	28 Ni 58.693	29 Cu 63.546	30 Zn 65.39	31 Ga 69.723	32 Ge 72.61	33 As 74.722	34 Se 78.96	35 Br 79.904	36 Kr 83.80
5	37 Rb 85.468	38 Sr 87.62	39 Y 88.906	40 Zr 91.224	41 Nb 92.906	42 Mo 95.94	43 Tc (98)	44 Ru 101.07	45 Rh 102.91	46 Pd 106.42	47 Ag 107.87	48 Cd 112.41	49 In 114.82	50 Sn 118.69	51 Sb 121.75	52 Te 127.60	53 I 126.90	54 Xe 131.30
6	55 Cs 132.91	56 Ba 137.33	57 La 138.91	72 Hf 178.5	73 Ta 180.95	74 W 183.85	75 Re 186.21	76 Os 190.2	77 Ir 192.22	78 Pt 195.09	79 Au 196.97	80 Hg 200.59	81 Tl 204.38	82 Pb 207.2	83 Bi 208.98	84 Po (209)	85 At (210)	86 Rn (222)
7	87 Fr (223)	88 Ra 227.03	89 Ac (227)	104 Rf (261)	105 Db (262)	106 Sg (263)	107 Bh (262)	108 Hs (265)	109 Mt (266)	110 Ds (271)	111 Rg (277)	112 (277)		114 (285)		116 (289)		

La 계열	6	58 Ce 140.12	59 Pr 140.91	60 Nd 144.24	61 Pm (145)	62 Sm 150.36	63 Eu 151.96	64 Gd 157.25	65 Tb 158.93	66 Dy 162.50	67 Ho 164.93	68 Er 167.26	69 Tm 168.93	70 Yb 173.04	71 Lu 174.97
Ac 계열	7	90 Th 232.04	91 Pa 231.04	92 U 238.03	93 Np (237)	94 Pu (244)	95 Am (243)	96 Cm (247)	97 Bk (247)	98 Cf (251)	99 Es (252)	100 Fm (257)	101 Md (258)	102 No (259)	103 Lr (260)

화학용어 쉽게 풀어쓰기

-유기화학편

이승달 지음

황금알

가을 산 쓸쓸하고 저녁 여울 애처로우니
강가 정자에 홀로 서서 마음 갈피 못 잡네
기러기 떼 어긋 났다 다시 가지런하고
대 지팡이 짚고 절간에나 노닐까 생각다가
그냥 두고 작은 배로 낚시터나 가볼까 하네
아무리 생각해도 몸은 이미 늙었는데
작은 등불만 예전대로 책 더미에 비추네.

- 다산 정약용의 시 -

머 리 말

유기화학은 화학을 공부하는 학생들은 물론, 이와 관련된 학문에 정진하는 많은 과학도들에게 필수적으로 요구되는 중요한 과목 중 하나이다. 화학과 생물학에서 유기반응의 고유한 중요성에 덧붙여, 유기화학은 학생들에게 사물에 대한 새로운 인식과 논리를 제공하고 있다.

지난 30여 년간 유기화학을 가르쳐온 필자는 강단에서 학생들을 마주 대할 때마다 유기화학은 매우 난해한 과목으로 인식하고 있었으며, 방대한 분량의 화학 구조와 이와 연관된 유기 반응의 원리들을 이해하는데 많은 고충을 겪고 있음을 실감하고 있었다. 유기 반응에 관한 제반 원리들을 암기하고 이것만으로 유기화학을 모두 이해한다는 것은 학생들로 하여금 유기화학을 지루하고 어려운 과목으로 치부하게끔 만들어 버렸다.

이러한 문제점을 재미있고 슬기롭게 극복할 수 없는가? 유기화학을 새로 시작하는 학생들이나 유기화학에 관심을 갖고 있는 많은 과학도들에게 유기화학 책을 소설책처럼 재미있게 이해하면서 읽을 수 없을까? 유기화학 책은 첫 쪽부터 읽어 내려가기가 힘들다. 왜냐하면 일상용어와는 달리 전혀 개념화 되어 있지 않은 용어들이 처음부터 나타나기 때문이다. 이 책을 집필 하게 된 동기가 바로 여기에 있다.

유기화학 책을 읽으면서 무수히 많은 생소한 학술 용어들이 정확하게 머릿속에 개념화 되어 있다면 자기 노력 여하에 따라 학업 성취도는 물론, 내용에 대한 아름다움을 맛 볼 수 있을 것이다.

이 책은 서술 식으로 나열한 유기화학 책이 아니고 유기화학 또는 이와 관련된 개개의 용어 중심으로 엮어 나간 책이다. 따라서 유기화학 용어에 어느 정도 식견을 갖추었다면 처음부터 읽어 볼 수 있으나, 그렇지 못한 경우에는 사전 식으로 활용할 수 있도록

'찾아보기'(INDEX)에 어휘를 풍부하고도 상세하게 나열하였으므로 유기화학을 공부하면서 언제든지 보조 교재로 이용할 수 있게끔 편찬한 것이 특징이다.

유기화학에서 사용되는 학술어 위주로 편집하되, 유기화학과 연관성이 있는 공업 유기화학, 생화학, 고분자화학, 유기 금속화학, 등의 기초적인 용어들도 수록하였다. 그러나 이러한 작업을 완벽하게 해낸다는 것이 어렵다는 것을 실감하면서, 앞으로 학계 제현들의 고견과 충언을 바탕으로 다음 기회에 증보, 신편 해 나갈 준비를 하고 있다.

끝으로 이 책을 세상의 빛에 담글 수 있게 해 준 육군사관학교 화랑대 연구소의 지원과 황금알 출판사의 헌신적인 편집에 대하여 감사하며, 이 분야에 관심있는 모든 이들의 학문 연마에 조그마한 밑거름이 될 수 있다면 더 할 나위없는 보람으로 여긴다.

그림은 자유다. 도약하면 추락할지 모른다. 하지만 가만 있으면 무슨 좋은 일이 있겠는가? 사람들을 일깨우고, 그들이 인정하지 않는 이미지를 창조해야 한다. **-피카소-**

이전엔 모든 물질이 사라져도 시간과 공간은 남아 있을 것이라고 믿었다. 하지만 상대성이론은 시간과 공간 역시 사라질 것이다. **-아인슈타인-**

「**피카슈타인**」의 출현을 기대하면서~~

2006. 3.
태릉 화랑대에서
이 승 달

차 례

큰 승리는 넘어질 때, 그것을 딛고
일어나는 사람에게 온다. -클라우저-

제 1 장
궤도함수와 결합
(Orbitals and Bonding)

제 1 장
궤도함수와 결합 (Orbitals and Bonding)

1-1 Orbital; 궤도함수

(1) 분자 내에서 어떤 한 원자(또는 분자 전체)가 차지하고 있는 공간(x, y, z)에서의 파동함수. (2) 공간에서 특정 에너지를 지닌 전자를 발견할 확률 밀도. <u>원자궤도함수(atomic orbital)</u>는 Φ(phi)로 표기하고, <u>분자궤도함수(molecular orbital)</u>는 Ψ(psi) 또는 π(pi)로 표기한다.

* 궤도함수(orbital)와 파동함수(wave function)는 용어상 서로 혼용하기도 한다.

1-2 Hybrid Orbital; 혼성궤도함수

원자가 단독으로 존재할 때는 그 원자의 orbital이 결정되어 있지만 이것이 다른 원자와 결합을 형성할 때는 전자의 분포상태나 방향성이 다른, 새로이 혼성된 궤도함수. 이때 원래의 원자궤도함수들의 합과 같은 수의 새로운 혼성궤도함수들을 형성하고 모두 같은 에너지 상태를 유지한다.

sp^3 혼성궤도함수:

2*s* orbital 1개와 2*p* orbital 3개가 혼성된 4개의 궤도함수.

(예) CH_4

C의 sp^3 혼성궤도함수 4개와 H의 1*s* 궤도함수 4개가 각각 결합하여 4면체 구조를 이룸. (결합각: 109.5°)

sp^2 혼성궤도함수:

2*s* orbital 1개와 2*p* orbital 2개가 혼성된 3개의 궤도함수.

(예) $H_2C{=}CH_2$

탄소-탄소의 2중 결합중 하나는 C의 sp^2 혼성궤도함수 끼리 축상 시그마(σ)결합을 이루고 또 다른 하나의 결합은 C의 2*p* 궤도함수끼리 측면 파이(π)결합을 이루며, 나머지 C의 혼성궤도함수 2개가 H의 1*s* 궤도함수 2개와 각각 결합하여 평면 삼각형 구조를 이룸. (결합각: 120°)

***sp* 혼성궤도함수:**

2*s* orbital 1개와 2*p* orbital 1개가 혼성된 2개의 궤도함수.

(예) HC≡CH

탄소-탄소의 3중 결합중 하나는 C의 *sp* 혼성궤도함수 끼리 축상 시그마(σ)결합을 이루고 또 다른 두개의 결합은 C의 2*p* 궤도함수끼리 측면 파이(π)결합을 이루며, 나머지 C의 *sp* 혼성궤도함수 1개가 H의 1*s* 궤도함수 1개와 각각 결합하여 직선 구조를 이룸. (결합각: 180°)

그 외 혼성궤도함수로는 dsp^3, d^2sp^3 **혼성궤도함수** 등이 있다.

(예) PCl_5:

P의 dsp^3 혼성궤도함수(1개의 d + 1개의 s + 3개의 p) 5개가 Cl의 3*p* 궤도함수 5개와 각각 시그마 결합하여 삼각 쌍뿔 구조(trigonal bipyramid)를 이룸.

SF_6:

S의 d^2sp^3 혼성궤도함수(2개의 d + 1개의 s + 3개의 p) 6개가 F의 2*p* 궤도함수 6개와 각각 시그마 결합하여 사각 쌍뿔 구조(square bipyramid)를 이룸.

1-3 Sigma(σ) bond; 시그마 결합

각 원자의 전자가 서로 공유할 때 두 원자핵을 잇는 핵간 축 주위에 분포되면서 중첩(겹침)하는 결합. 모든 유기화합물 내의 원자-원자 사이에는 반드시 한 개의 시그마(σ) 결합이 존재한다.

1-4 Pi(π) bond; 파이 결합

p 궤도함수에 있는 전자(π-전자)끼리 측면 중첩에 의한 결합. 파이결합은 2중 결합(1개의 파이결합)과 3중 결합(2개의 파이결합)에서 나타나는데 시그마 결합을 중심으로 샌드위치 모양으로 아래, 위로 싸고 있으며 시그마 결합보다 느슨한 결합 형태를 띄고 있다.

* **파이(π)-전자:** 각운동량 양자수(l)가 1이므로 자기양자수(m_l)는 +1, 0, -1인 세가지 p 궤도함수 p_x, p_y, p_z orbital에 속하는 전자.

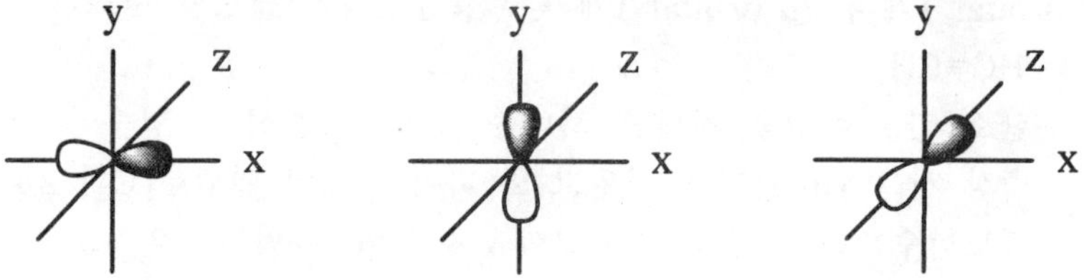

p_x orbital p_y orbital p_z orbital

(구형)  s-orbital

(예) <u>CO_2의 π-결합 구조</u>

C-O의 양쪽 x-축상으로 각각 하나의 σ-결합을 하고 있고, C-O의 또 다른 하나의 결합은 y-축의 측면 <u>π-결합</u>이 왼쪽 O-C결합이며, 오른쪽 C-O결합은 z-축의 측면 <u>π-결합</u>을 이루고 있다.

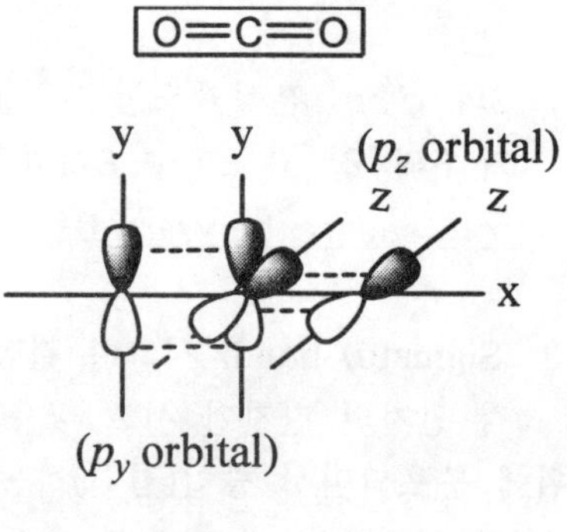

1-5 Delocalized π molecular orbital; **비편재화 π 분자궤도함수**

측면 결합을 하고 있는 3개의 p 원자궤도함수의 파이(π) 전자들이 분자 전체에 퍼져 있는 분자궤도함수.

* node(마디): 파장의 위상이 변하는 지점으로서 진폭은 0이다.

1-6 Frontier orbital theory; 경계 궤도함수 이론

고리형 협동 반응(pericyclic reaction)에서 HOMO (highest occupied molecular orbital; 최고 점유 분자궤도함수)와 LUMO (lowest unoccupied molecular orbital; 최저 비점유 분자궤도함수)가 서로 관여하여 반응의 진행 여부를 예측할 수 있는 이론. 일본의 K. Fukui 에 의하여 개발됨.

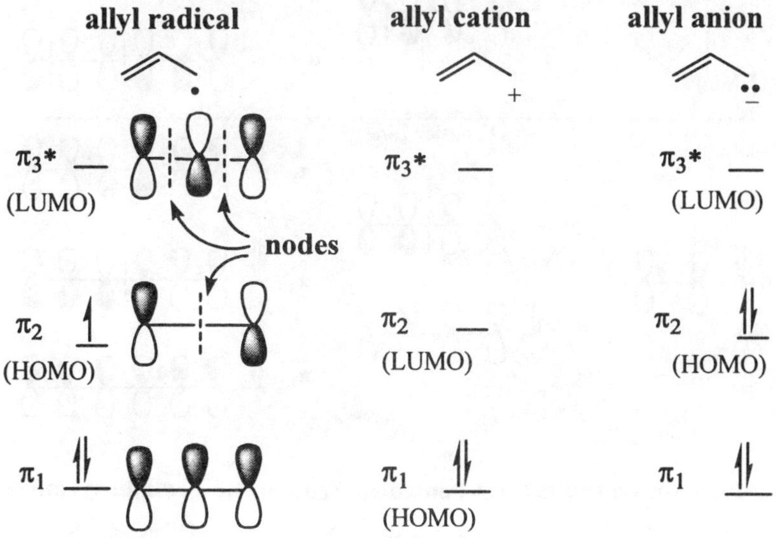

1-7 HOMO; 최고 점유 분자궤도함수

[highest occupied molecular orbital 의 약어.]

전자가 채워진 결합 궤도함수 중에서 제일 높은 에너지 준위의 π 분자궤도함수로서 결합성에 기여한다.

1-8 LUMO; 최저 비점유 분자궤도함수

[lowest unoccupied molecular orbital의 약어.]

전자가 채워지지 않은 반결합 궤도함수 중에서 제일 낮은 에너지 준위의 π 분자궤도함수로서 반결합성에 기여한다.

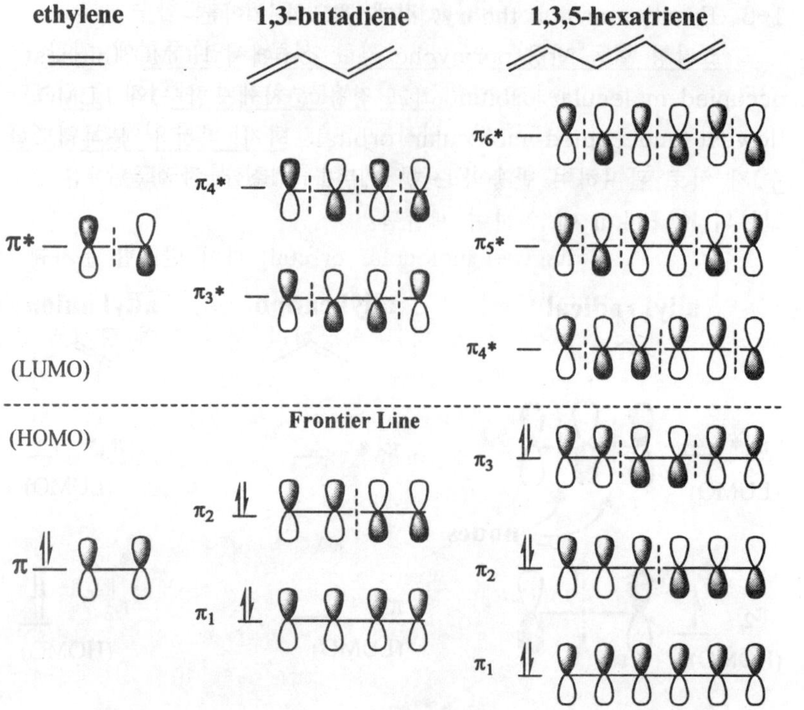
ethylene
1,3-butadiene
1,3,5-hexatriene
π*
(LUMO)
Frontier Line
(HOMO)
π
π4*
π3*
π2
π1
π6*
π5*
π4*
π3
π2
π1

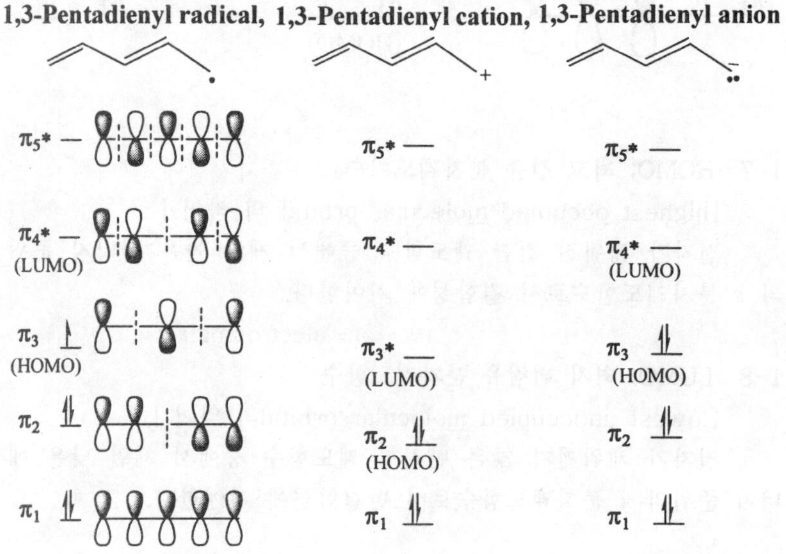
1,3-Pentadienyl radical,
1,3-Pentadienyl cation,
1,3-Pentadienyl anion
π5*
π4*
(LUMO)
π3
(HOMO)
π2
π1
π5*
π4*
π3*
(LUMO)
π2
(HOMO)
π1
π5*
π4*
(LUMO)
π3
(HOMO)
π2
π1

1-9 π Bonding molecular orbital; 파이 결합 궤도함수

p 원자궤도함수의 같은 위상끼리 서로 측면 중첩에 의한 분자궤도함수로서, 에너지 준위는 각 성분 원자의 에너지 준위보다 낮고 전자의 확률 밀도는 두 원자를 잇는 핵 간 축주위에 모여 있으며 여기서 전자가 채워져서 결합이 이루어진 분자궤도함수.

1-10 π Antibonding(π*) molecular orbital; 파이 반결합 분자궤도함수

p 원자궤도함수의 서로 다른 위상끼리 서로 측면 중첩에 의한 분자궤도함수로서, 분자궤도함수 중에서 핵 사이에 전자의 확률 밀도가 0인 마디(node)가 존재하여 여기에 전자가 채워지면 분자의 결합이 방해되어 약해지는 반결합 분자궤도함수. 따라서 에너지 준위는 각 원자의 것보다 높아 불안정하다.

1-11 π Nonbonding molecular orbital; π 비결합 분자궤도함수

분자 내에서 결합에 관여하지 않는 파이 궤도함수로서 전자가 채워질 때 원자-원자 결합에 전혀 기여하지 못한다. 알릴 계(Allyl system)에서처럼 홀수 개의 π 분자궤도함수들 중, π_2 에서는 마디(node) 위치에 중심 탄소가 있으므로 이웃에 있는 *p* 궤도함수들 간에 아무런 상호작용을 하지 못한다.

1-12 Nonbonding electrons (lone electron pair); 비공유 전자쌍

원자의 원자가 전자들 중에서 원자-원자결합에 참여하지 못한 전자쌍 (lone electron pair).

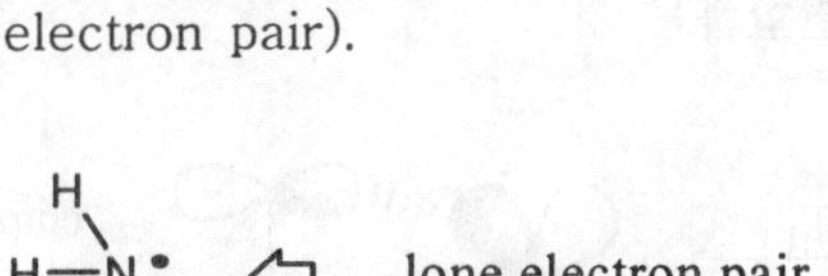

1-13 *d* Orbital; *d*-궤도함수

각운동량 양자수(*l*)가 2이므로 자기양자수(m_l)는 +2, +1, 0,

-1, -2이다. 따라서 5개의 *d* 궤도함수가 존재한다. *d* orbital은 모두 점대칭(*gerade*)이다

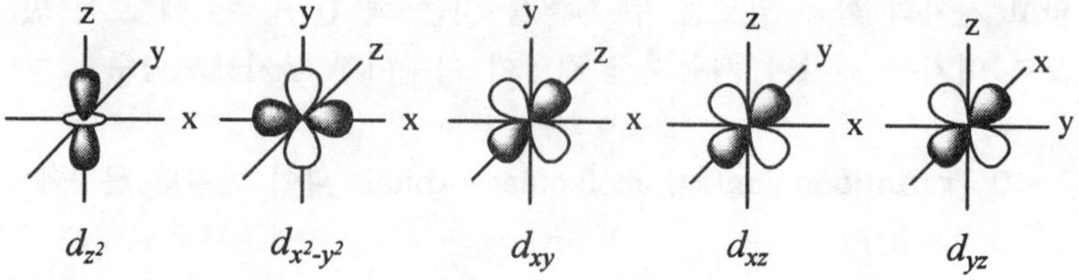

1-14 *d*-*π* Bonding; *d*-*π* 결합

한 원자의 *d*-궤도함수와 이웃한 원자의 *p*-궤도함수가 중첩하여 이루어진 결합.

(예) SO_2에서 S의 *d* orbital과
O의 *p* orbital의 결합.

(*d* orbital) (*p* orbital)

1-15 *d*-*π** Back bonding; *d*-*π** 역결합

한 원자의 *d*-궤도함수의 전자가 이웃한 원자의 비어있는 ***π**** 궤도함수에 주므로서 이루어진 결합. 금속 착물(complex)에서, 보통의 배위결합에서는 리간드의 혼성궤도함수 전자들이 중심 금속 이온에 전자를 주지만 [시그마(σ) 결합, <u>10-26, 참조</u>], 역으로 금속의 비결합성 채워진 *d* 전자가 리간드의 비어있는 ***π**** orbital에 배위되어져서 결합하는 것.

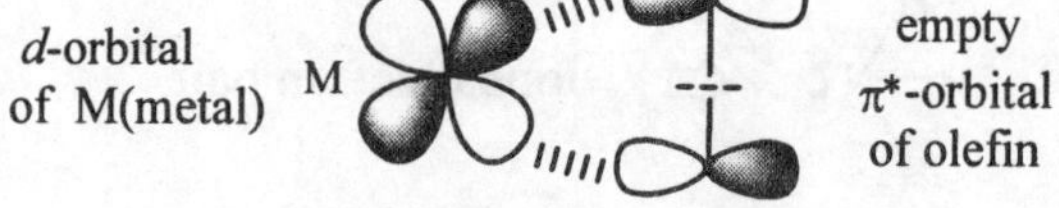

(*d* orbital) (***π**** orbital)

1-16 Intermolecular force; 분자간 힘

분자와 분자 사이에 상호 작용하는 힘.

* 세가지 종류가 있다.

(1) 수소결합(hydrogen bond): 전기음성도(electronegativity)가 큰 원자(주로 O, N, F)에 붙은 H원자를 가진 분자와 비공유 전자쌍을 가진 전기음성도가 큰 원자를 포함한 이웃한 분자 사이에서 양성을 띈 수소와 음성을 띈 원자(큰 전기음성도)의 강한 인력 작용.

(예), H_2O, HF, NH_3, 등.

(2) 쌍극자-쌍극자 인력(dipole-dipole interaction): 극성 분자를 구성하고 있는 두 원자 간의 전기음성도 차이에 의해 일어나는 쌍극자(양성 원자-음성원자)와 이웃 분자의 쌍극자 사이의 인력.

(예), HCl, H_2S, 등.

(3) 순간적인 유발쌍극자 인력(van der Waals force): 무극성 분자들 사이에서 일어나는 인력으로서, 핵, 또는 전자의 순간적인 충격에 의하여 유발되는 쌍극자들에 의한 약한 인력.

런던 힘(London force)이라고도 한다.

* 전기음성도(electronegativity): 화학결합을 이루고 있는 두 원자 사이에서 원자가 공유한 전자쌍을 끌어당기는 능력의 정도.
주기율 표 상에서 오른쪽으로 갈수록 크고, 같은 족에서는 밑으로 내려 갈수록 작아진다. (F의 전기음성도가 가장 크다.).

복사꽃과 오얏꽃은 말이 없어도
그 밑에 저절로 길이 생긴다.
- 옛 성인의 말씀 -

일이 즐거우면 인생은 낙원이다.
그러나 일이 의무가 되면 인생은 지옥이다.

- 막심 고리끼 -

제 2 장
탄화수소
(Hydrocarbon)

제 2 장
탄화수소 (Hydrocarbon)

2-1 Hydrocarbon; 탄화수소

탄소와 수소로 이루어진 화합물의 총칭.

2-2 Alkane (Saturated hydrocarbon); 알칸 (포화 탄화수소)

시그마(σ) 결합(단일 결합)으로만 이루어진 탄화수소. [관습적으로 paraffin (파라핀) 계열이라고도 한다.]

acyclic alkane (비고리 알칸; 사슬형 알칸), 일반식: C_nH_{2n+2}

cyclic alkane (고리 알칸), 일반식: C_nH_{2n}

* 중심 탄소(*sp*^{3} hybrid orbital)에 붙어있는 4개의 치환체는 사면체 구조를 이룬다.

* *n*(normal)-alkane; 곁 가지가 없는 포화 탄화수소.

(예)  (*n*-pentane)

* *iso*-alkane; 사슬 끝에서 두 번째 탄소에 1개의 메틸 기가 붙은 포화 탄화수소.

(예) 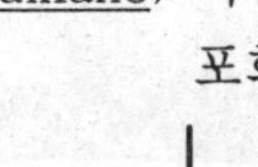 (*iso*-hexane, 또는 2-methylpentane)

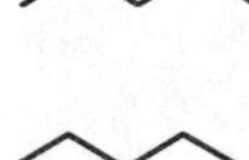 (3-methylpentane은 *iso*-hexane이 아님.)

* neoalkane; 사슬 끝에서 두 번째 탄소에 2개의 메틸 기가 모두 붙어 있는 포화 탄화수소. (주로 관습명으로 쓰임.)

(예)  (neopentane),  (neohexane)

<2,2-dimethylpropane> <2,2-dimethylbutane>

* cycloalkane (alicyclic compound);
시클로 알칸(지방족 고리화합물); 고리가 있는 포화 탄화수소.

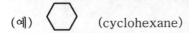

(예)  (cyclohexane)

2-3 Alkene; 알켄

탄소-탄소 2중 결합을 포함한 탄화수소. [관습적으로 olefin (올레핀) 계열이라고도 한다.]

acyclic alkene (비고리 알켄; 사슬형 알켄), 일반식: C_nH_{2n}

cyclic alkene (고리 알켄), 일반식: C_nH_{2n-2}

* 2중 결합을 포함한 탄소(sp^2 hybrid orbital)는 평면삼각형 구조.

(예)  

1-butene cyclopentene

2-4 alkyne; 알킨

탄소-탄소 3중 결합을 포함한 탄화수소. 일반식: C_nH_{2n-2}

* 3중 결합을 포함한 탄소(*sp* hybrid orbital)는 직선 구조이므로 구조적으로 3중 결합을 포함한 비교적 작은 고리화합물은 구성되기 어렵다.

(예) 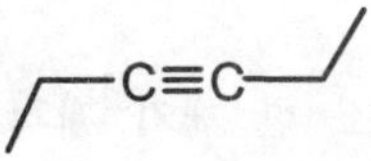

3-hexyne

2-5 Unsaturated hydrocarbon; 불포화 탄화수소

탄소-탄소 2중 결합 내지 3중 결합을 포함한 탄화수소.

* alkene이나 alkyne 화합물들의 총칭.

2-6 Homologue(Homolog); 동족체

methylene기($-CH_2-$)에 의해서만 달라지는 화합물들의 총칭.

(예) $CH_3CH_2CH_3$, $CH_3CH_2CH_2CH_3$, $CH_3CH_2CH_2CH_2CH_3$
(alkane homologues)

2-7 Alkyl group; 알킬 기

포화 탄화수소(알칸)에서 한개의 수소가 제거된 상태로 남아 있는 기. alkane의 -ane 어미가 -yl로 바뀐 alkyl이 된다.

(예) $-CH_3$ methyl group, $-CH_2CH_3$ ethyl group,
$-CH(CH_3)_2$ *iso*propyl group.

2-8 Methylene group; 메틸렌 기

한개의 탄소에 두개의 수소원자가 붙어있는 3원자 알킬 기. $-\underline{CH_2}-$, $=\underline{CH_2}$를 지칭한다.

(예) CH_2Cl_2 methylene chloride (dichloromethane)

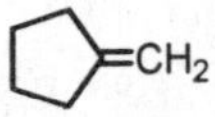
methylenecyclopentane

2-9 Methine group; 메타인 기

한 개의 탄소에 한 개의 수소가 붙어있는 2원자 알킬 기.
$-\underline{CH}R_2$, $\equiv\underline{CH}$, $=\underline{CH}R$ 를 지칭한다.

2-10 Vinyl group; 비닐 기

ethene(ethylene)으로부터 수소 한 개가 제거된 기.
$-CH=CH_2$를 지칭한다.

(예) $Cl-CH=CH_2$ vinyl chloride

2-11 Bridged cycloalkane hydrocarbon; 다리형 시클로알칸 탄화수소

한 쌍 이상의 탄소원자들이 두개 이상의 고리에 공통으로 차지하고 있는 고리형 탄화수소.

(예) 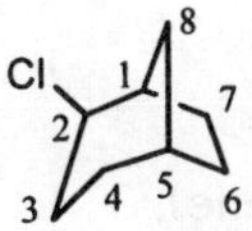 2-chlorobicyclo[3.2.1]octane

2-12 Bridgehead carbon atom; 다리목 탄소원자

두개 이상의 고리에 공통으로 접하고 있는 탄소원자.

2-11, 그림에서 1번 탄소와 5번 탄소를 지칭한다.

2-13 Spiro compound (spirane); 스피로 화합물 (스피란)

한 개의 탄소를 꼭지점으로 하여 두 고리가 연결된 탄화수소. 공통으로 꼭지점을 이루고 있는 탄소를 <u>spiro-carbon</u>이라고 한다.

(예) 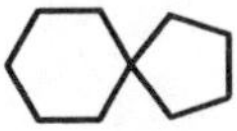 spiro[5.4]decane

2-14 Fused ring; 접합 고리

한 고리 내에서 이웃한 두개의 탄소가 다른 고리와 공통으로 접해 있는 고리.

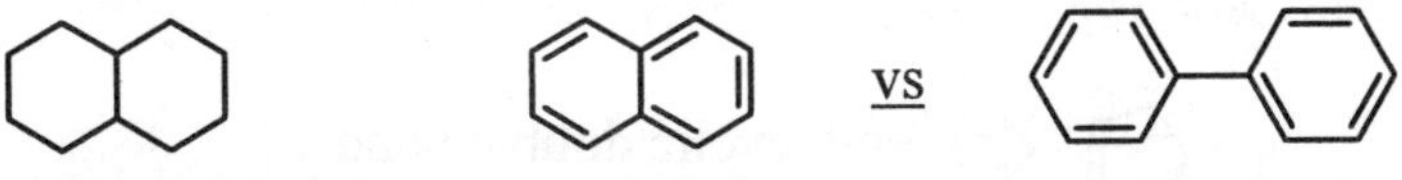

bicyclo[4.4.0]decane, naphthalene, <u>vs</u> biphenyl (fused ring 아님)

2-15 Conjugated double bond; 콘쥬게이션 2중 결합

단일결합과 2중결합이 교대로 배열된 결합.

(예) 

1,3-butadiene, 1,3,5-hexatriene

2-16 Cumulated double bond; 연이은 2중 결합

2중 결합이 연속적으로 이어진 결합. 이런 결합 형태를 이룬 화합물을 큐물렌(cumulene) 이라고 한다.

(예) $CH_2=C=CH_2$ allene(1,2-propadiene),
$CH_2=C=C=CH_2$ 1,2,3-butatriene

2-17 Isolated double bond; 고립된 2중 결합
두개의 2중결합 사이에 두개 이상의 단일결합이 배열된 결합.

(예) $CH_2=CH-CH_2-CH=CH_2$ 1,4-pentadiene
$CH_2=CH-CH_2-CH_2-CH=CH_2$ 1,5-hexadiene

2-18 Exocyclic double bond; 고리밖 2중 결합
고리 바깥으로 2중 결합이 연결되어진 결합.

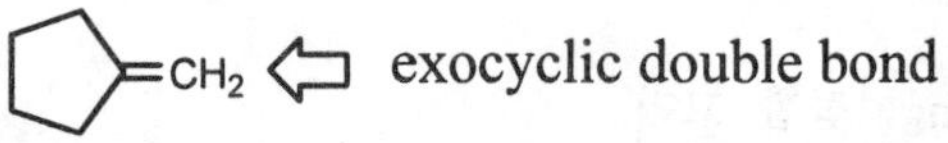

2-19 Endocyclic double bond; 고리안 2중 결합
고리 내부에 2중 결합을 포함하고 있는 결합.

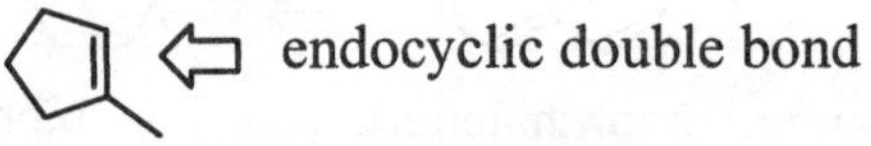

2-20 Resonance structure; 공명구조
한 화합물(또는 이온)내에 있는 π전자가 어느 한 곳에 편재되어 있지 않고 분자의 일부 또는 전체에 퍼져 있으므로 (비편재화) 하나의 전형적인 결합구조식으로 표시할 수 없고 두개 이상의 기여구조로 표시된 구조. 이러한 각각의 구조는 서로 독립적으로 존재하지 않으며 평형상태에 있는 서로 다른 물질이 아니므로 이런 기여구조들을 나타낼 때에는 쌍 화살표(⟷)로 표시한다.

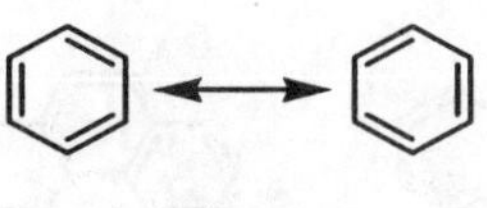

benzene의 공명구조

nitromethane의 공명구조

2-21 Cross conjugation; 연결 콘쥬게이션

3개의 2중 결합 중 2개의 2중 결합은 콘쥬게이션을 이루지 못한 상태이나, 나머지 한 개는 2개와 각각 콘쥬게이션을 이룬 상태.

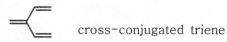

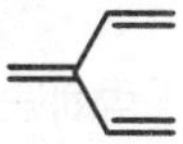

cross-conjugated triene

2-22 Hyperconjugation; 하이퍼콘쥬게이션 (초공액)

C-H 시그마(σ) 결합전자가 이웃하고 있는 C=C 또는 C≡C와 같은 π-결합전자와 σ-π 겹침이나, 또는 비어있는 탄소 양이온의 *p* 궤도함수와 σ-*p* 겹침으로 화학종이 안정화되는 공명 현상.

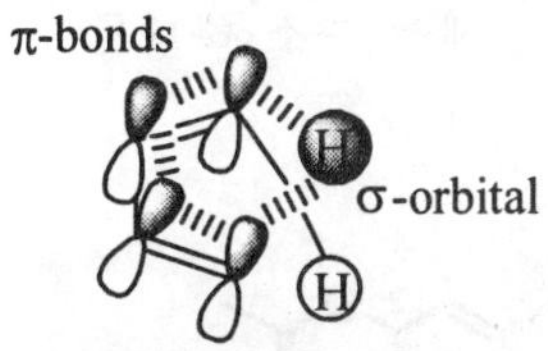

cyclopentadienyl의 σ-π 겹침에 의한 hyperconjugation

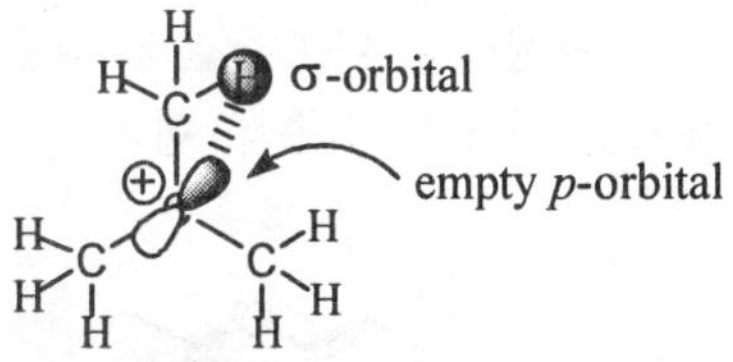

t-butyl 탄소양이온의 σ-*p* 겹침에 의한 hyperconjugation

2-23 Aromatic hydrocarbon (arene); 방향족 탄화수소 (아렌)

평면 고리형 콘쥬게이션 탄소 원자들로 이루어지고, 고리 내에 (4n+2)π 전자수를 가지고 있는(<u>Hückel의 규칙</u>) 평면 고리 탄화수소로서 높은 공명 에너지를 가지고 있는 안정한 화합물.

(예)

benzene

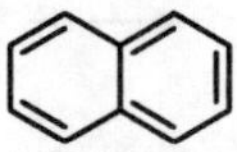

naphthalene

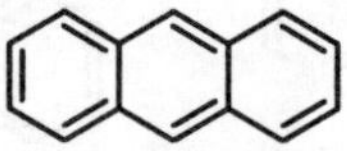

anthracene

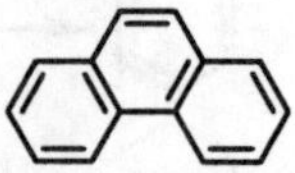

phenanthrene

2-24 Hückel's rule; 휘켈 규칙

고리 화합물 중에서 (4n+2)개의 π 전자를 지니고 있는 화합물로서 고리 내에 비편재된 콘쥬게이션 전자구조를 가지고 있어 안정한 구조를 이룰 수 있다는 규칙. (n=0, 1, 2, 3, ····)

(예) Hückel's rule[(4n+2)π 전자수]를 만족하는 화학종들:

benzene,

cyclopentadienyl anion,

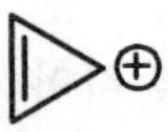

cyclopropenyl cation,

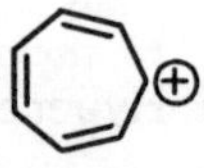

cycloheptatrienyl cation

2-25 Aryl group; 아릴 기

벤젠이나 나프탈렌과 같은 방향족 화합물에서 수소 하나를 떼어낸 나머지 부분의 원자단. (cf, alkyl group)

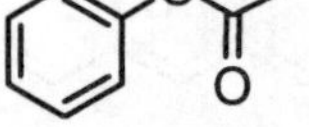

phenyl acetate

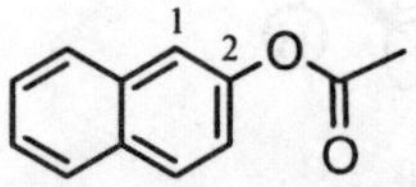

2-naphthyl acetate

2-26 *ortho*(*o*-); 오르토, *meta*(*m*-); 메타, *para*(*p*-); 파라

ortho: 벤젠 고리에서 서로 이웃해 있는 1,2-치환위치.

meta: 벤젠 고리에서 한 개의 탄소를 건너 띤 1,3-치환위치.

para: 벤젠 고리에서 서로 대각선상에 있는 1,4-치환위치.

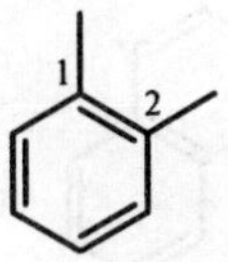

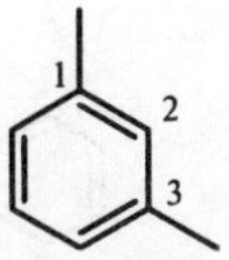

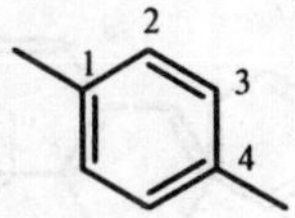

o-(or, 1,2-)xylene, *m*-(1,3-)xylene, *p*-(1,4-)xylene

2-27 Cata-condensed polycyclic aromatic compound; 외곽 밀집 여러고리 방향족 화합물

두개 이상의 밀집된 고리에서 외곽으로만 탄소가 배열되어진 여러고리 방향족 화합물. (배열된 고리 내부에는 탄소가 없음.)

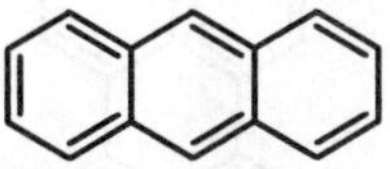

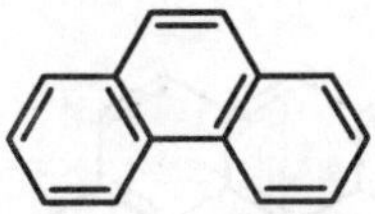

vs

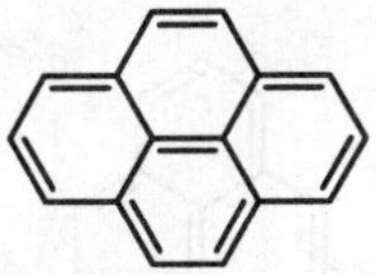

anthracene, phenanthrene, pyrene

(cata-condensed) (cata-condensed 아님)

2-28 Polycyclic acene; 여러고리 아센

세 개 이상의 고리가 직선형으로 접합된 cata-condensed polycyclic aromatic compound.

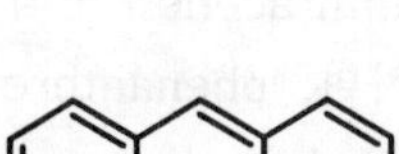

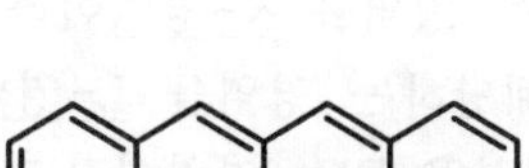

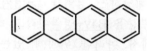

anthracene, naphthacene

* 접미사가 -cene.

2-29 Polycyclic phene; 여러고리 펜

여러 고리가 꾸부러진 형태로 접합된 배열을 이루고 있는 cata-condensed polycyclic aromatic compound.

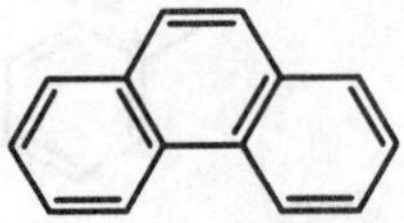

phenanthrene,

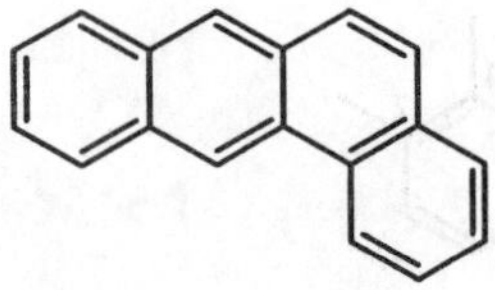

benz[a]anthracene

2-30 Peri-condensed polycyclic aromatic compound; 밀집형 여러고리 방향족 화합물

한 탄소가 세 개 이상의 고리에 공통으로 접속되어진 여러고리 방향족 화합물.

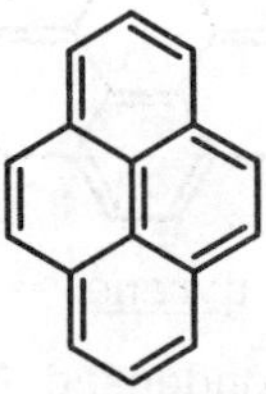

pyrene,

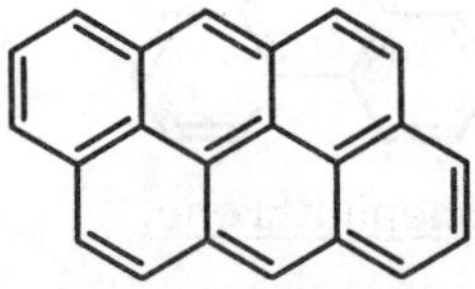

anthanthrene,

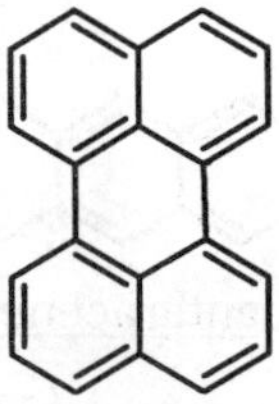

perylene

2-31 K, L, and Bay regions; K, L, Bay영역

polycyclic phene에서 phenanthrene부분의 9, 10번 탄소위치에 해당하는 영역을 K-영역이라 하고, anthracene부분의 9, 10번 위치에 해당하는 영역을 L-영역이라 하며, phenanthrene부분의 오목한 부분을 Bay-영역이라고 하는데, polycyclic aromatic compound에서 이러한 위치에 있는 부분들은 발암성(carcinogenic) 유발과 밀접한 관계가 있다.

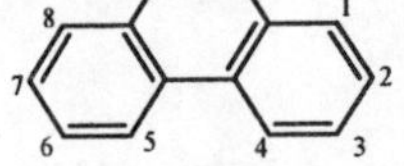

phenanthrene

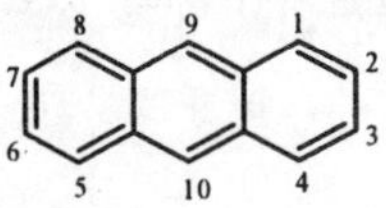

anthracene

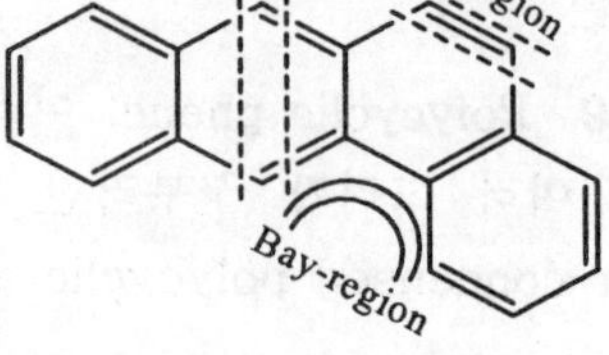

benz[a]anthracene

2-32 Alternant hydrocarbon; 교대 탄화수소

사슬형 콘쥬게이션 탄화수소 또는 짝수계의 탄소로 이루어진 콘쥬게이션 고리를 포함하고 있는 콘쥬게이션 탄화수소.

* even alternant hydrocarbon(짝수 교대 탄화수소)와
  odd alternant hydrocarbon(홀수 교대 탄화수소)가 있다.

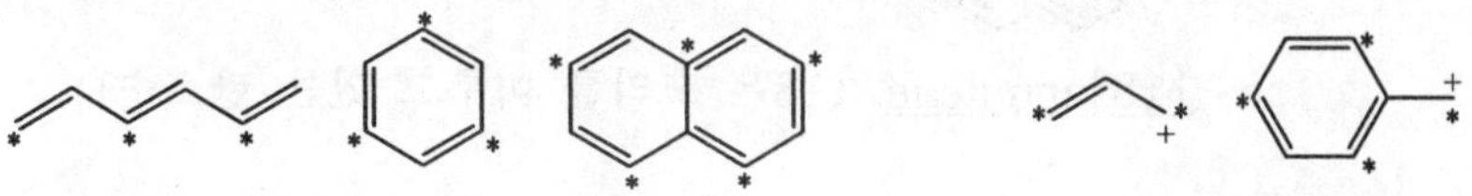

(even alternant hydrocarbons) (odd alternant hydrocarbons)

*로 표시된(또는 안 된) 것끼리 결합한 부분이 없다.

2-33 Nonalternant hydrocarbon; 비교대 탄화수소

홀수계의 탄소로 이루어진 콘쥬게이션 고리를 포함한 탄화수소로서, *로 표시된(또는 안 된) 것끼리 결합한 부분이 있다.

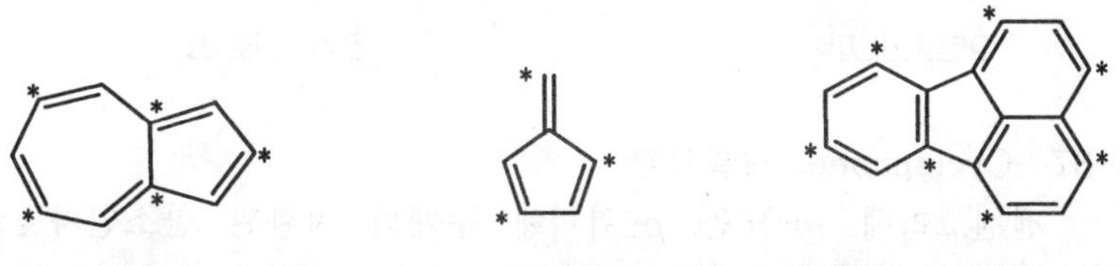

azulene fulvene fluoranthene

2-34 Antiaromatic compound; 반방향족 화합물

4n개의 π전자를 가지고 있는 콘쥬게이션 고리형 탄화수소. 이 때, π전자의 비편재화는 에너지를 증가시키는 결과를 초래하므로 불안정화 된다.

* cyclobutadiene의 π전자에너지는 $4\alpha + 4\beta$이므로 0의 비편재화 에너지에 해당하므로 독립된 2개의 ethylene보다도 불안정하다.

2-35 Annulene; **아뉼렌**

n[-CH=CH-]의 일반식을 가지고 있는 단일 고리의 콘쥬게이션 탄화수소. 비편재화된 (4n + 2)π 전자수를 가지고 있고, n≤7이면 방향족성이 있다.

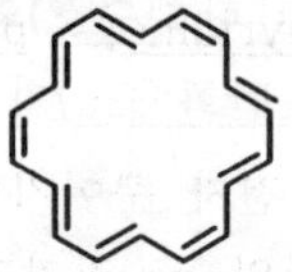

[18]annulene, (18은 고리를 이루고 있는 탄소수)

2-36 Pseudoaromatic compound; **유사 방향족 화합물**

두개 이상의 고리를 가지고 있는 (방향족 화합물보다)불안정한 고리형 콘쥬게이션 탄화수소. 이것의 특징은 공명구조에서 고리 사이에 접합된 탄소-탄소 사이에 2중 결합이 생길 수 없으며 4n π 전자수를 가지고 있다.

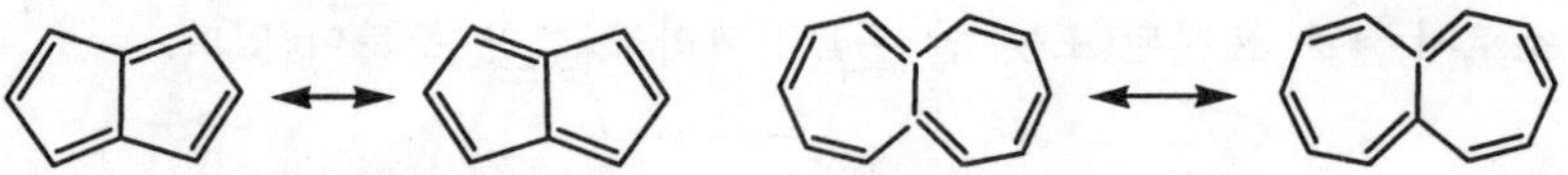

pentalene heptalene

2-37 Cyclophane; **시클로판**

벤젠고리에 *m*-또는 *p*-위치에 두개의 치환된 탄소원자들로 (메틸렌 기) 둘러 싼 화합물.

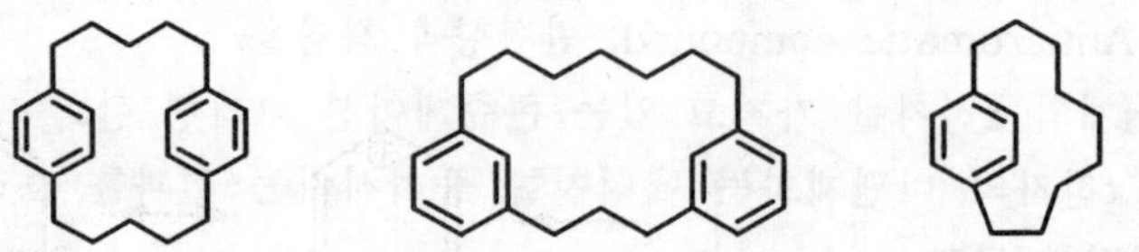

[5.5]paracyclophane, [3.7]metacyclophane, [9]paracyclophane

2-38 Heteroaromatic compound; **헤테로 고리 방향족 화합물**

방향족 탄화수소 고리 내에서 탄소 대신에 다른 원자(N, O,

S, 등)로 대체되어진 방향족 화합물.

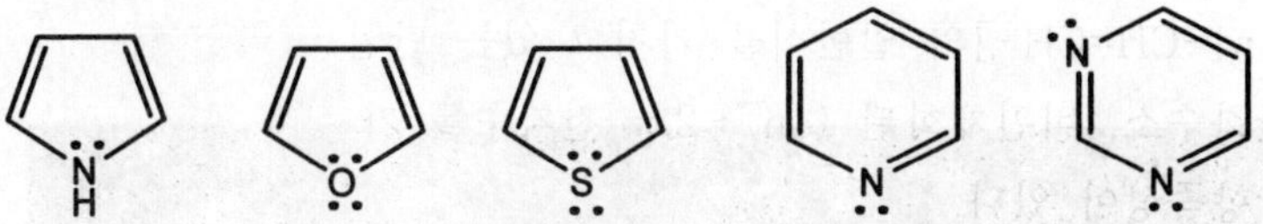

pyrrole, furan, thiophene, pyridine, pyrimidine

* pyrrole, furan, thiophene은 4개의 π 전자 뿐이지만 N, O, S의 비공유 전자쌍이 있기 때문에 전부 6개의 $p\pi$ 전자가 존재하므로 방향족성을 나타낸다.

2-39 π-Electron excessive (rich) compound; 파이전자 밀집 화합물

헤테로 방향족 화합물에 있는 탄소들에 비편재화된 파이전자들은 벤젠에 있는 탄소들의 것보다 더 많이 밀집한(전자 밀도가 큰) 화합물.

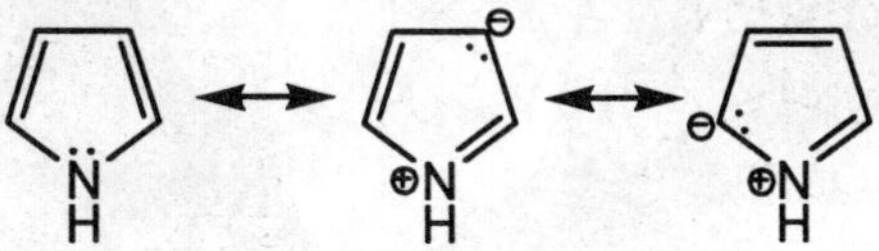

pyrrole의 공명 구조

2-40 π-Electron deficient compound; 파이전자 결핍 화합물

6각형 헤테로 방향족 화합물에 있는 탄소들의 π 전자밀도는 벤젠에 있는 탄소들의 것보다 더 낮은 전자밀도를 가진 화합물.

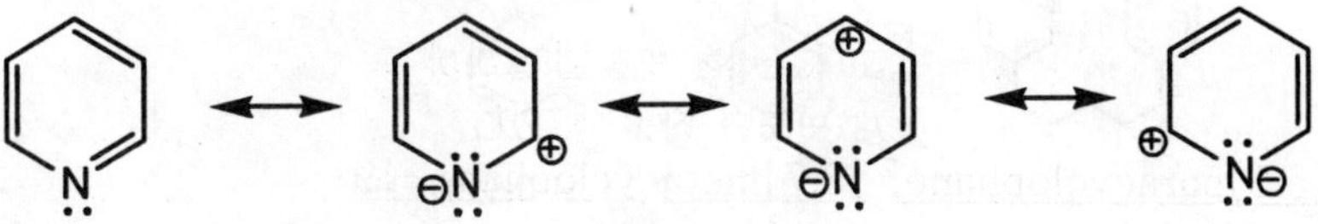

pyridine의 공명구조

잡고 있는 헌 밧줄을 놓아야
새 밧줄을 잡을 수 있다.
- 아인슈타인 -

배움(學)이란 깨닫는 것(覺)이다.

- 정약용의 <아언각비> 중에서 -

제 3 장
유기 화합물의 분류
(Classes of Organic Compounds)

제 3 장
유기 화합물의 분류
(Classes of Organic Compounds)

3-1 Functional group; 작용기

분자의 특성을 나타내는 원자단. 일반적으로 탄화수소에서 수소 대신에 작용기가 치환되어 있다.

(예.1) -OH, alcohol(알코올): $-NH_2$, amino(아미노): $-NO_2$, nitro(니트로): -Cl, chloro(클로로): -SH, thiol(티올), 등

(예.2) -OR, alkoxy(알콕시).
$-OCH_3$, methoxy(메톡시): $-OC_2H_5$, ethoxy(에톡시), 등

(예.3) R-O-R', ether(에테르),
C_2H_5-O-C_2H_5, diethyl ether(디에틸 에테르): CH_3-O-C_2H_5, ethyl methyl ether(에틸 메틸 에테르), 등

(예.4) 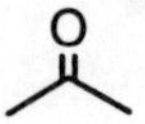

carbonyl(카르보닐),

i) 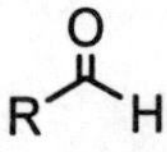

aldehyde(알데히드): ii) 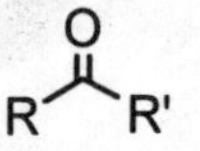

ketone(케톤)

iii) 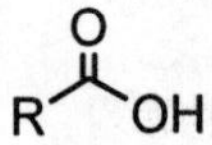

caboxylic acid(카르복시 산)

iv) 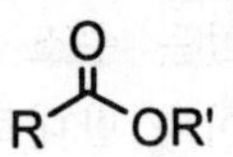

ester(에스테르), v) 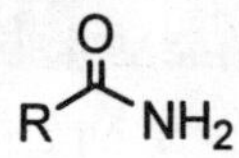

amide(아미드)

3-2 Acetal; 아세탈, Ketal; 케탈

acetal: aldehyde의 carbonyl group의 산소 대신에 두개의 알콕시 기로 치환된 화합물. [cf, hemiacetal (반아세탈)]

ketal: ketone의 carbonyl group의 산소 대신에 두개의 알콕시 기로 치환된 화합물. [cf, hemiketal (반케탈)]

(예)

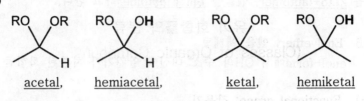

acetal, hemiacetal, ketal, hemiketal

3-3 Cyanohydrin; 시아노히드린

carbonyl group에 HCN이 첨가되어 본래 산소 위치에 OH와 CN으로 대체된 화합물.

cyanohydrin

3-4 Enol; 엔올

alkene의 한개의 수소 자리에 OH기로 치환된 화합물.

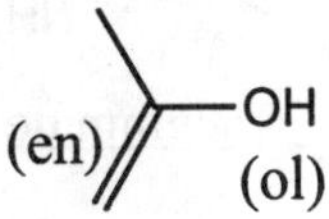

alkene과 alcohol의 합성어

3-5 Keto-enol tautomerism; 케토-엔올 토토머 현상

ketone의 카르보닐기에 이웃한 탄소에 붙어있는 수소 하나가 카르보닐기의 산소로 이동하여 enol을 생성하고, 이와 반대로도 진행되는 가역적 이동에 의한 현상.

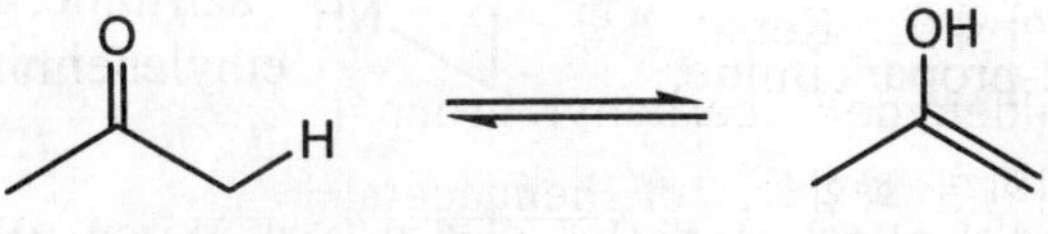

keto-tautomer enol-tautomer

* 이러한 가역적 이동에 의하여 생성되는 이성질체들 중에서 케톤

을 keto-tautomer, 엔올을 enol-tautomer라고 한다.

3-6 Enol ether; 엔올 에테르

enol-form에서 OH의 수소 대신에 알킬기가 치환된 화합물.

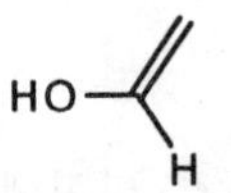

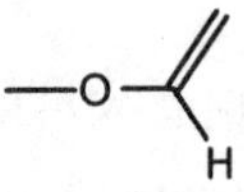

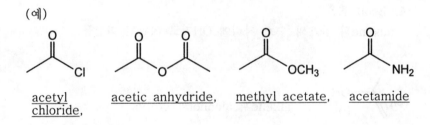

enol-form(vinyl alcohol), enol ether(methyl vinyl ether)

3-7 Carboxylic acid derivative; 카르복시산 유도체

RCOOH(카르복시산)에서 OH 대신에 수소나 알킬기를 제외한 다른 원자(단)로 치환된 화합물의 총칭.

(예)

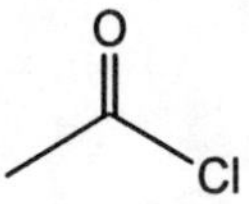

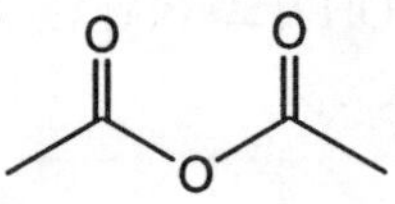

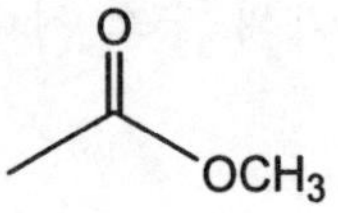

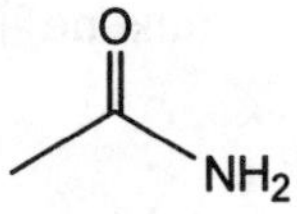

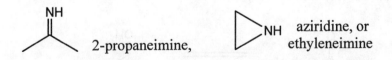

acetyl chloride, acetic anhydride, methyl acetate, acetamide

3-8 Imine; 이민

탄소와 질소가 2중 결합하고 있거나, 질소를 포함한 고리 화합물에서 양쪽 탄소와 단일결합을 하고 있는 화합물의 총칭.

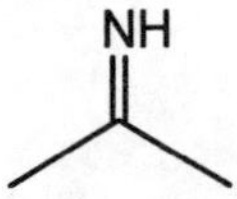

2-propaneimine,

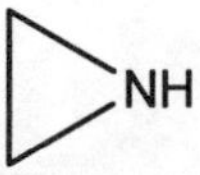

aziridine, or ethyleneimine

* 사슬형 이민에서 NH의 H 대신에 알킬기(R)가 붙으면 시프 염기(Schiff-base), OH가 붙으면 옥심(oxime), NH_2가 붙으면 히드라존(hydrazone)이라고 한다.

3-9 Amine oxide; 아민 옥사이드

산소 원자가 3차 아민의 질소에 결합된 이온형 화합물.

(예)

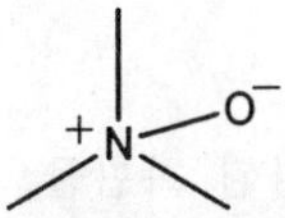

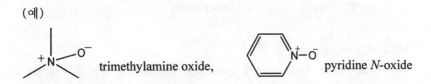

trimethylamine oxide,

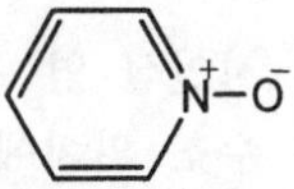

pyridine *N*-oxide

3-10 Nitrone; 니트론

Schiff-base의 질소에 산소 원자가 결합된 이온형 화합물.

(예)

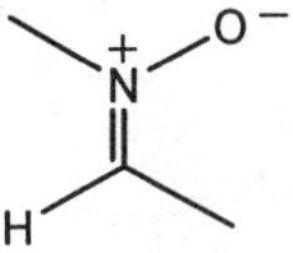

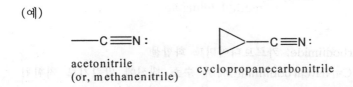

N-methyl-α-methylnitrone
or, (*Z*)-ethylidenemethylazane oxide

3-11 Nitrile (Cyanide); 니트릴 (시안화물)

탄소와 3중 결합을 한 질소가 사슬 끝에 위치한 화합물.

(예)

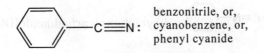

acetonitrile
(or, methanenitrile)

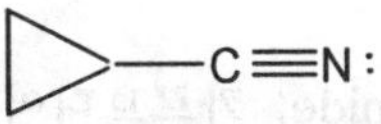

cyclopropanecarbonitrile

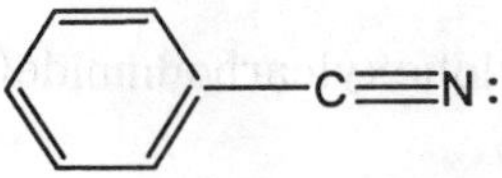

benzonitrile, or,
cyanobenzene, or,
phenyl cyanide

* 이온화합물에서는 주로 접미사로 cyanide를 많이 쓴다.

(예) NaCN, sodium cyanide

3-12 Isonitrile (Isocyanide); 이소니트릴 (이소시안화물)

질소와 3중 결합을 한 탄소가 사슬 끝에 위치한 화합물.

$Ph\text{-}\overset{+}{N}\equiv\overset{-}{C}:$ phenyl isocyanide

3-13 Cyanate; 시안산 염

탄화수소의 수소 위치에 cyanato(-OCN)기가 치환된 화합물.

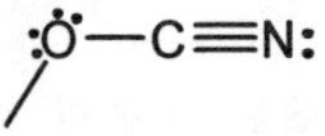

methyl cyanate

3-14 Isocyanate; 이소시안산 염

cyanate에서 산소와 질소의 위치가 바뀐 치환체.

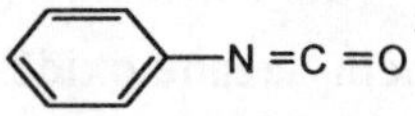

phenyl isocyanate

3-15 Fulminate; 풀민산 염

cyanate에서 탄소와 질소의 위치가 바뀐 치환체.

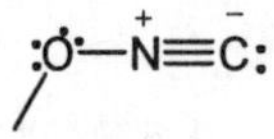

methyl fulminate

3-16 Carbodiimide; 카르보디이미드 화합물

HN=C=NH(carbodiimide)에서 수소 대신에 알킬기로 치환된 화합물의 총칭.

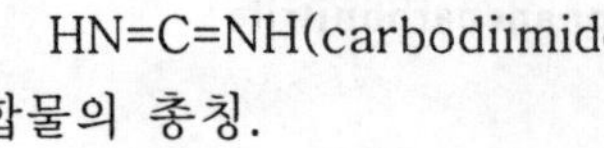

dicyclohexylcarbodiimide(DCCD)

3-17 Nitroalkane; 니트로알칸

알칸의 수소원자 자리에 니트로(NO_2)기가 치환된 화합물.

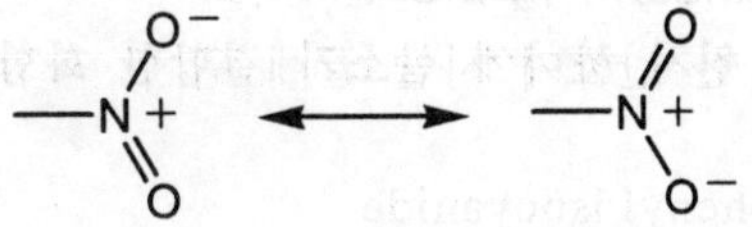

nitromethane의 공명구조

3-18 Nitroso compound; 니트로소 화합물

탄화수소의 수소 자리에 니트로소(NO)기가 치환된 화합물.

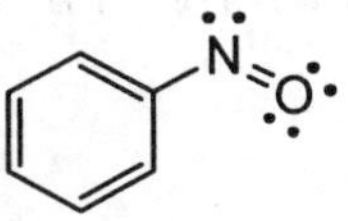

nitrosobenzene

3-19 Diazoalkane; 디아조알칸

같은 탄소에 붙어 있는 두개의 수소 대신 디아조(=N_2)기가 치환된 화합물.

diazomethane 의 공명구조

3-20 Azide; 아지드 화합물

탄화수소의 수소 위치에 azido(-N_3)기가 치환된 화합물.

methyl azide의 공명구조

3-21 Azo compound; 아조 화합물

두개의 알킬기가 아조(-N=N-)기의 양쪽에 붙어 있는 화합물.

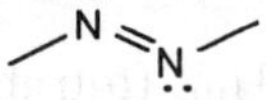

azomethane (or, dimethyldiazene)

3-22 Azoxy compound; 아족시 화합물

아조 화합물의 질소 원자 하나에 산소가 결합한 화합물.

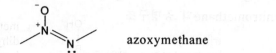

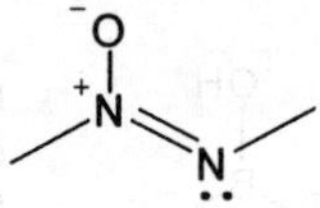
azoxymethane

3-23 Diazonium compound; 디아조늄 화합물

디아조늄($-N_2^+$)기가 알킬(또는 아릴)기에 직접 결합된 염.

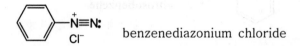

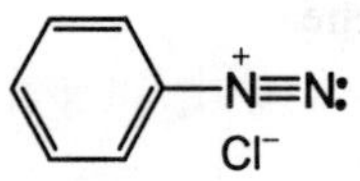
benzenediazonium chloride

3-24 Lactone; 락톤

고리 분자 내 에스테르 화합물.

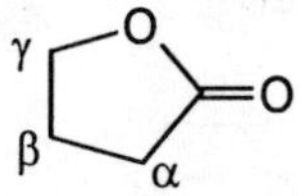
γ-butyrolactone

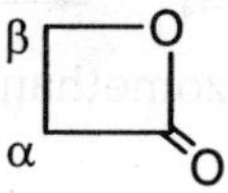
β-propiolactone

3-25 Lactam; 락탐

고리 분자 내 아미드 화합물.

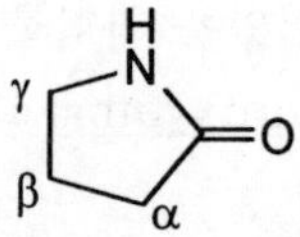
γ-butyrolactam

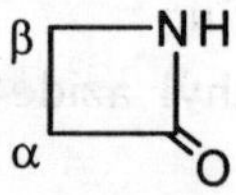
β-propiolactam

3-26 Borane; 보란

수소화 붕소(boron hydride)의 유도체.

BH_3, (borane) B_2H_6, (diborane) B_4H_{10}, (tetraborane)

3-27 Borate; 붕산 염

붕산[boric acid, $B(OH)_3$]에서 하나 이상의 수소 대신에 알킬기로 치환된 화합물.

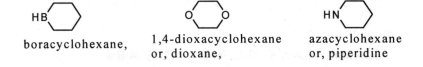

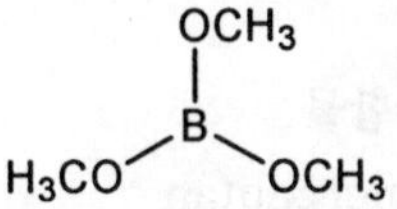

trimethyl borate

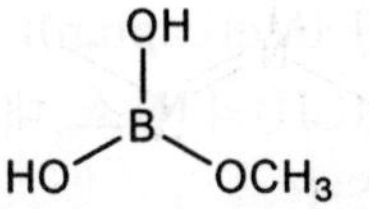

methyl dihydrogen borate

3-28 Carborane; 카르보란

탄소와 붕소가 다면체 꼴로 결합된 화합물.

일반적으로 poly(boron hydride) 화합물에서 한개 이상의 탄소가 붕소 대신에 치환된 화합물의 총칭.

$B_{10}C_2H_{12}$, dicarbadodecaborane(12)

3-29 Heterocyclic compound; 헤테로고리 화합물

탄소 이외의 다른 원자 하나 이상을 포함한 고리 화합물.

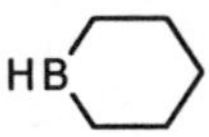

boracyclohexane,

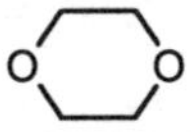

1,4-dioxacyclohexane or, dioxane,

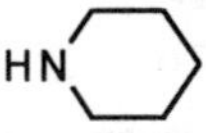

azacyclohexane or, piperidine

3-30 Hydroperoxide; 히드로 과산화물

수산화(-OH)기와 탄소 사이에 산소 하나가 끼어있는 화합물.

CH_3-CH_2-O-O-H, ethyl hydroperoxide (hydroperoxyethane).

3-31 Peroxy acid (Per~acid); 과산화 산

카르복시산에서 카르보닐(C=O)기와 수산화(OH)기 사이에 산소 하나가 끼어든 화합물.

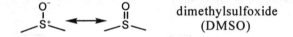

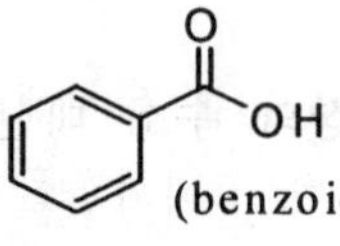
(benzoic acid),
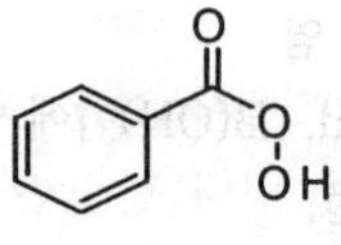
peroxybenzoic acid
or, perbenzoic acid.

3-32 Thiol (Mercaptan); 티올 (머캡탄)

알코올(OH)의 산소 대신에 황으로 대체된 화합물.

CH_3CH_2-SH ethanethiol or ethyl mercaptan

HS-$CH_2CH_2CH_2$-OH 3-mercapto-1-propanol

3-33 Sulfide; 황화물

ether 화합물에서 산소 자리에 황으로 대체된 화합물.

CH_3-S-CH_2CH_3 ethyl methyl sulfide

3-34 Sulfoxide; 술폭시화 물

sulfide의 황 원자에 산소 하나가 붙은 화합물.

dimethylsulfoxide
(DMSO)

3-35 Sulfone; 술폰

sulfide의 황 원자에 산소 두개가 결합된 화합물.

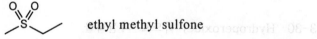

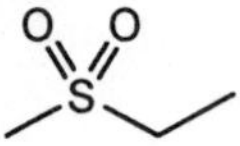
ethyl methyl sulfone

3-36 Sulfonic acid; 술폰산

sulfone 화합물의 황 원자에 두개의 알킬기 중에서 한개의 알킬기 대신에 히드록시기(-OH)로 치환된 화합물.

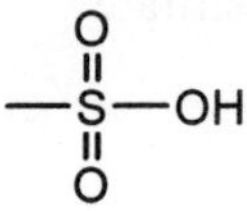
methanesulfonic acid

3-37 Sultone; 술톤

한 분자 내에 히드록시(OH)기와 sulfonic acid를 동시에 가지고 있는 화합물에서 분자 내 탈수반응으로 형성된 고리화합물.

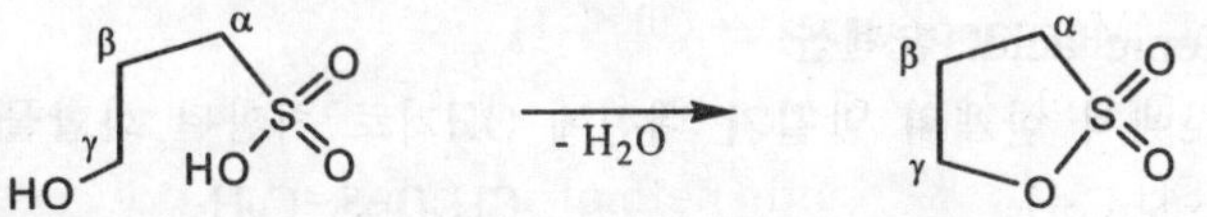

γ-hydroxysulfonic acid γ-hydroxysulfonic acid sultone

3-38 Sulfuric acid; 황산

sulfonic acid의 산소가 붙지 않은 치환체(통상, 알킬기) 대신에 하나의 히드록시(OH)기로 치환된 산.

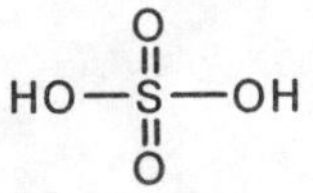

sulfuric acid

3-39 Sulfate; 황산염

황산의 두개의 수소 자리 모두 알킬기로 치환된 화합물.

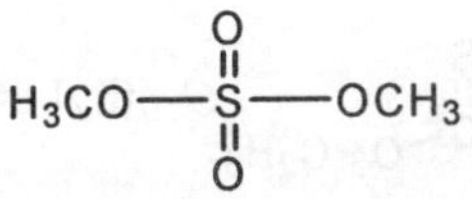

dimethyl sulfate

3-40 Bisulfate (Hydrogen sulfate); 수소 황산염

황산의 한개 수소 자리에만 알킬기로 치환된 화합물.

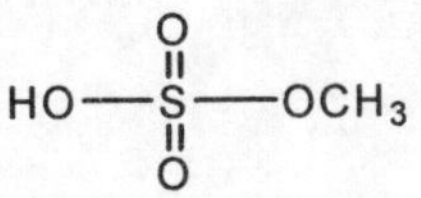

methyl hydrogen sulfate
or, methyl bisulfate

3-41 Sulfinic acid; 술핀산

sulfoxide에서 한개의 알킬기 대신에 OH기로 치환된 화합물.

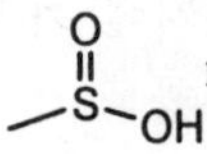 methylsulfinic acid, 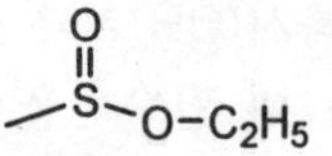 ethyl methanesulfinate (ester-form)

3-42 Sulfenic acid; 술펜산

sulfide에서 한개의 알킬기 대신에 OH기로 치환된 화합물.

$HO-S-C_2H_5$	$CH_3O-S-C_2H_5$
ethanesulfenic acid	methyl ethanesulfenate

3-43 Thiocarbxylic acid; 티오카르복시 산

carboxylic acid에서 하나의 산소 대신에 황으로 치환된 화합물. 여기에는 두 종류가 있음. (ester도 같은 방식으로 명명)

i) thioic *S*-acid 와 thioic *S*-ester

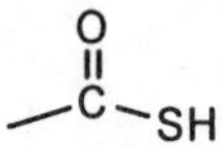 ethanethioic *S*-acid, 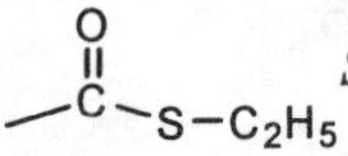 *S*-ethyl ethanethioate

ii) thioic *O*-acid 와 thioic *O*-ester

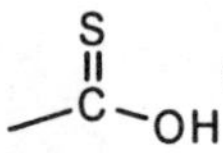 ethanethioic *O*-acid, 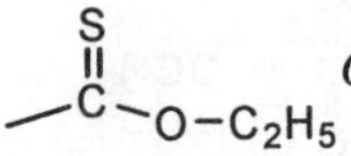 *O*-ethyl ethanethioate

3-44 Dithioic acid; 이티오산, Dithioic ester; 이티오 에스테르

carboxylic acid에서 두개의 산소 모두 황으로 치환된 산과 이의 에스테르.

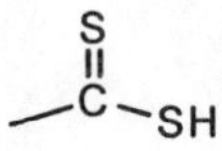 ethanedithioic acid, 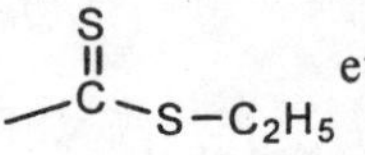 ethyl ethanedithioate

3-45 Thioyl halide; 티오일 할로겐화물

acyl halide의 O 대신에 S으로 치환된 화합물.

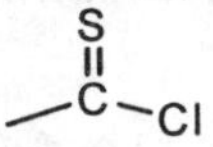

ethanethioyl chloride

3-46 Thionyl halide; 티오닐 할로겐화물

sulfoxide의 황 원자에 붙어있는 두개의 알킬기 모두 할로겐으로 치환된 화합물. 이것은 carboxylic acid의 OH를 할로겐으로 치환시키는데 이용되는 시약.

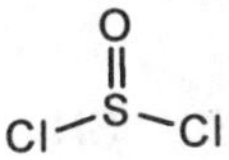

thionyl chloride

3-47 Thioaldehyde; 티오알데히드, Thioketone; 티오케톤

aldehyde (ketone)의 O 대신에 S으로 치환된 것.

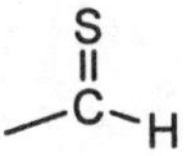

ethanethial (or, thioacetaldehyde),

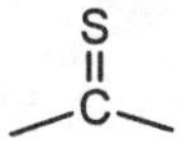

2-propanethione (or, dimethyl thioketone)

3-48 Thiocyanate; 티오시안산염,

Isothiocyanate; 이소티오시안산염

cyanate (또는 isocyanate)의 O 대신에 S으로 치환된 것.

CH_3CH_2-S-C≡N thiocyanatoethane (or, ethyl thiocyanate)

CH_3CH_2-N=C=S isothiocyanatoethane (or, ethyl isothiocyanate)

3-49 Sulfonamide; 술폰아미드, Sulfinamide; 술핀아미드

sulfonic (or, sulfinic) acid의 OH 대신에 NH_2로 치환된 것.

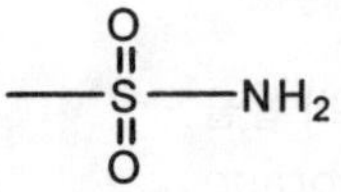 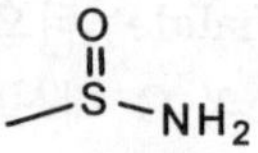

methanesulfonamide, methanesulfinamide

3-50 Thioacetal; 티오아세탈, Thioketal; 티오케탈

acetal 또는, ketal의 산소 대신에 황으로 치환된 화합물.

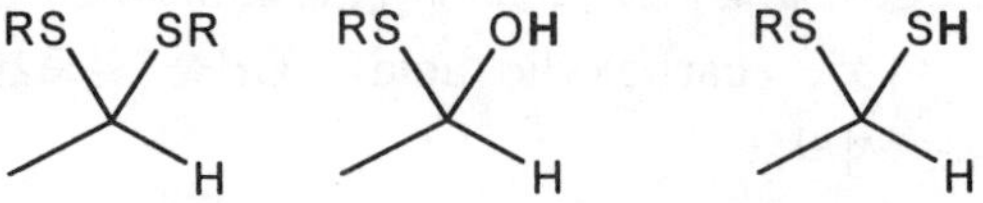

thioacetal, thiohemiacetal, dithiohemiacetal

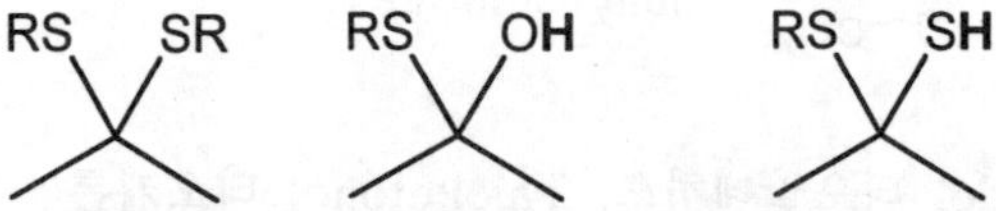

thioketal, thiohemiketal, dithiohemiketal

3-51 Sulfurane; 술퓨란

탄소처럼 황이 4 배위수를 이루고 있는 화합물.

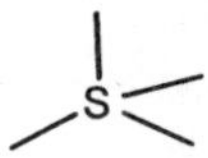

tetramethylsulfurane

3-52 Phosphine; 포스핀

P 주위에 알킬기 또는 수소가 모두 3개 붙어있거나, 또는 P=O에서 P에 한 개의 알킬기가 붙어있는 화합물의 총칭.

(예) PH_3 phosphine, $(CH_3)_3P$ trimethylphosphine,
C_2H_5-P=O ethyloxophosphine

3-53 Phosphorane; 포스포란

P 주위에 알킬기 또는 수소가 모두 5개 붙어있는 화합물.

(예) $(CH_3)_3PH_2$ <u>trimethylphosphorane</u>

$C_2H_5P(CH_3)H_3$ <u>ethylmethylphosphorane</u>

3-54 Phosphine oxide; 포스핀 산화물

포스핀의 P에 O 원자가 결합한 화합물.

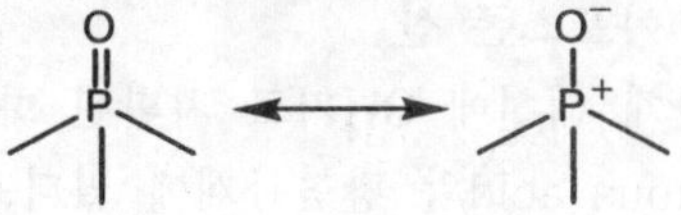

trimethylphosphine oxide

3-55 Phosphine imide; 포스핀 이미드

포스핀 산화물의 산소 대신에 <u>imino</u> 기(=NH)가 치환된 것.

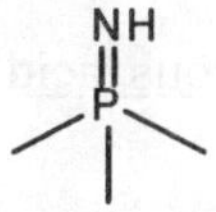

P,*P*,*P*-trimethylphosphine imide

3-56 Phosphate; 인산염

<u>phosphoric acid</u> (<u>인산</u>)에서 수소 대신에 알킬기가 하나 이상 치환된 화합물의 총칭

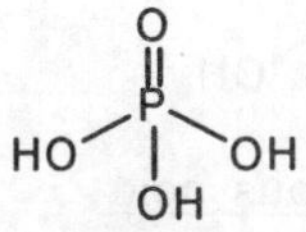

phosphoric acid,

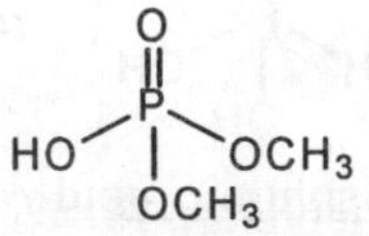

dimethyl hydrogen phosphate

3-57 Phosphite; 아인산염

<u>phosphorous acid</u> (<u>아인산</u>)의 수소 대신에 알킬기가 하나 이상 치환된 화합물의 총칭.

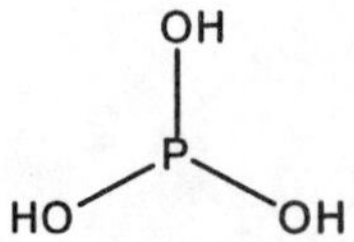

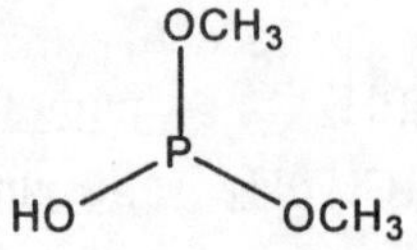

phosphorous acid, dimethyl hydrogen phosphite

3-58 Phosphinic (Hypophosphorous) acid; 포스핀 산 (하이포아인산), Phosphonous acid; 아포스폰 산

phosphine oxide의 수소 한개 대신에 OH기로 치환된 화합물 (phosphinic acid)로서 phosphonous acid와 평형관계에 있다.

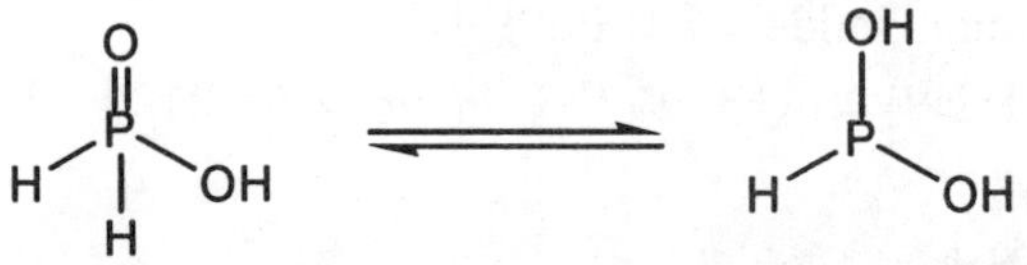

phosphinic acid phosphonous acid

3-59 Phosphonic acid; 포스폰 산, Phosphorous acid; 아인산

phosphine oxide의 수소 두개 모두 각각 OH로 치환된 산 (phosphonic acid)으로 phosphorous acid와 평형관계에 있다.

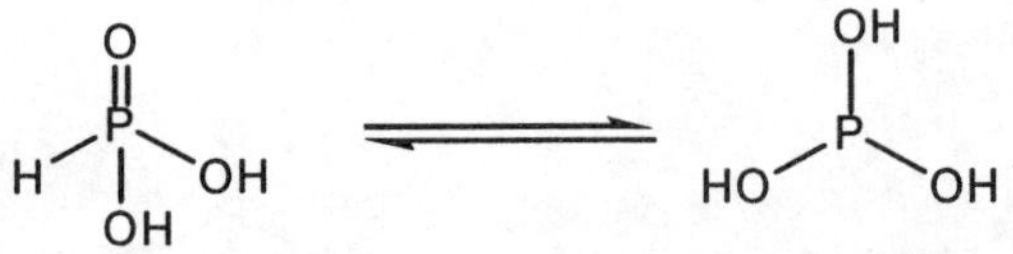

phosphonic acid phosphorous acid

3-60 Phosphonate; 포스폰산 염

phosphonic acid에서 OH의 H 대신에 알킬기로 치환된 것.

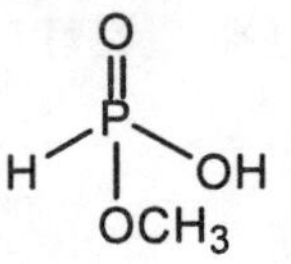

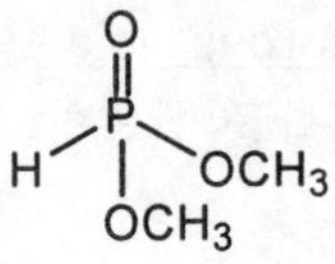

methyl phosphonate, dimethyl phosphonate

3-61 Phosphinous acid; 아포스핀 산,

Phosphinous amide; 아포스핀산 아미드

phosphine의 세 개 수소 중, 한개 수소만 OH로 치환된 산을 아포스핀 산이라 하고, NH_2로 치환된 것을 아포스핀 산 아미드라고 한다.

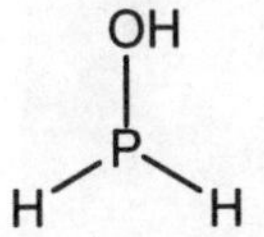

phosphinous acid,

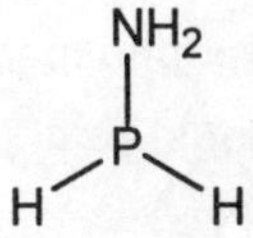

phosphinous amide

3-62 Phosphonic amide; 포스폰산 아미드

phosphonic acid의 OH 대신에 NH_2로 치환된 화합물.

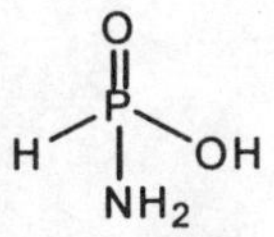

phosphonic amide,

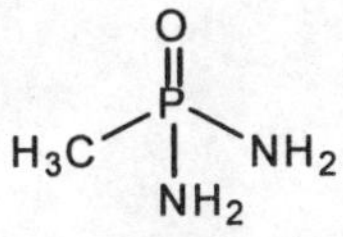

P-methylphosphonic diamide

3-63 Phosphorus thioacid; 인 티오산

인(P)을 중심 원자로 하고 있는 인산 류의 산소 위치에 황이 치환된 화합물의 총칭.

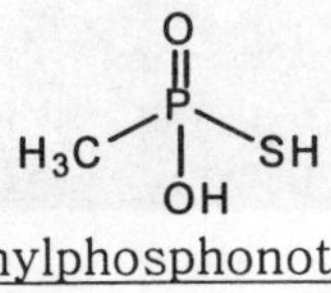

methylphosphonothioic *S*-acid,

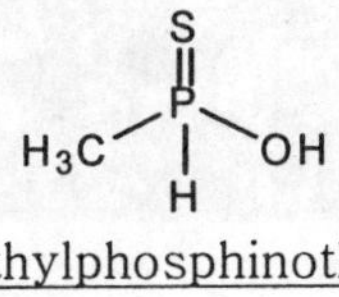

methylphosphinothioic *O*-acid

3-64 Phosphonium salt; 포스포늄 염

4 배위수를 가진 P 양이온과 할로겐 음이온의 염.

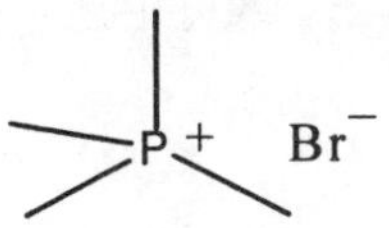

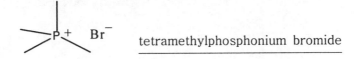

tetramethylphosphonium bromide

Speed란 중요한 것에 시간을 투자하고,
중요하지 않은 것에 소비하는 시간을
제거하는 것이다.

- 톰 피터스 -

금 1온스를 캐내려면
수 톤의 흙을 파내야 한다. -지글러-

제 4 장
입체 화학
(Stereochemistry)

제 4 장

입체 화학 (Stereochemistry)

4-1 Stereochemistry; 입체 화학

분자내의 원자(단)들 사이의 3차원 공간상에서 상호 관계를 규명하는 화학.

4-2 Isomer; 이성질체

분자식은 같으나 두개 이상의 다른 구조를 가진 화합물을 말하는데, 여기에는 구조 이성질체, 입체 이성질체, 형태 이성질체 등으로 나뉘어져 있다.

4-3 Structural (Constitutional) isomer; 구조 이성질체

같은 분자식을 가지고 있으나 각 원자들의 결합 배열(또는 위치)이 다른 화합물.

C_2H_6O; CH_3CH_2-OH (ethanol),
CH_3-O-CH_3 (dimethyl ether)

C_3H_7Cl; $CH_3CH_2CH_2$-Cl (1-chloropropane),
CH_3-CHCl-CH_3 (2-chloropropane)

4-4 Stereoisomer; 입체 이성질체

분자식도 같고 분자내의 원자들의 결합위치도 같으나, 이 위치에서 3차원적인 배향이 다른 화합물. 여기에는 거울상 이성질체(enantiomer)와 부분입체 이성질체(diastereomer)등이 있다.

* 특히 2중 결합, 또는 고리화합물을 포함하고 있는 일부 화합물에서 나타나는 이성질체를 기하 이성질체(geometrical isomer)라고 한다. (4-40, 참조)

4-5 Conformational (Rotational) isomer; 형태 (회전) 이성질체

같은 분자 내에서 단일결합 주위를 회전함으로서 치환기들이 수많은 다른 배향을 일으키는 것을 conformation(형태)이라 하고, 이때 서로 다른 배향을 나타내는 이성질체. <conformer(이형태체), 또는 rotamer(회전 이성질체)라고도 한다.>

* 단일 결합으로 이루어진 6각 고리 화합물인 경우에는 flip-flop (엎침 뒤침)으로 치환기들이 분자 내에서 서로 다른 배향을 나타내므로 이에 해당한다.

4-6 Configuration; 배열

분자내의 결합 축 주위의 회전 또는 엎침 뒤침이 불가능하여, 치환기들이 고착된 상대적 공간 배치.

* 2중 결합이나 작은 고리화합물인 경우가 이에 해당한다.

4-7 Proton (Prototropic) tautomer; 양성자 토토머

분자 내에서 양성자(H^+)가 상호 이동하여 형성된 구조 이성질체. (Keto-enol tautomerism에서 나타나는 이성질체)

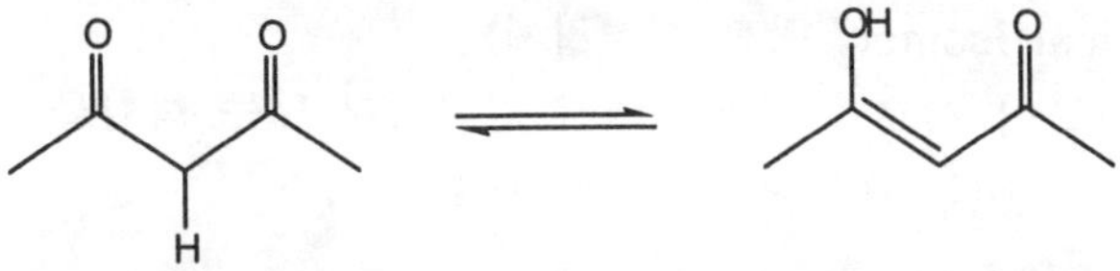

keto-tautomer, enol-tautomer

4-8 Valence tautomer; 원자가 토토머

결합전자들의 재배치에 따라서 분자내의 원자들의 배열이 다르게 상호 변환된 위치로 구성된 구조 이성질체로서 한 원자가 다른 곳으로 이동하지 않음. (resonance와 혼동하지 말것)

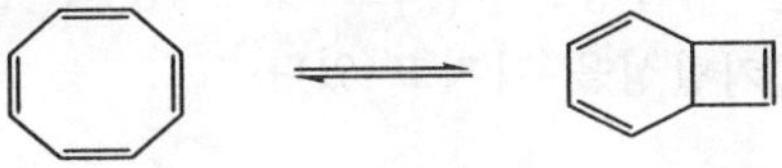

원자가 토토머들

4-9 Fluxional molecule; 유연성 분자

퇴화된 재배열(degenerate rearrangement)을 일으킨 분자를 지칭함, 즉 서로 구별할 수 없으며, 결합의 재배열이나 원자의 이동을 수반한 재배열이 상호 빠르게 진행된 분자들.

* 퇴화된 재배열: 분자 내에서 재배열이 일어나도 서로 구별이 안 되는 것.

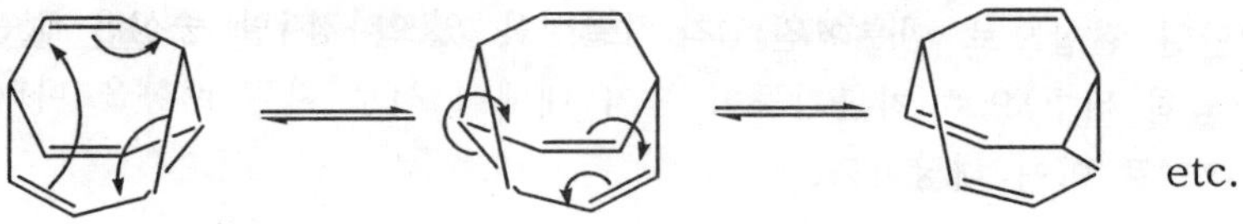

bullvalene의 유연성 분자들

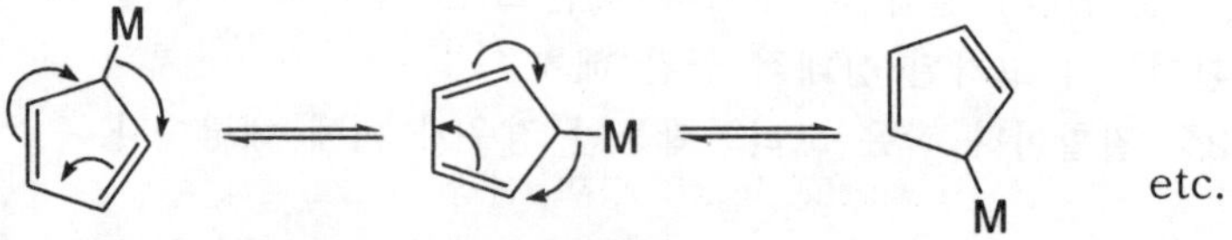

금속(M)을 포함한 cyclopentadiene의 유연성 분자들

4-10 Enantiomer(Enantiomorph); 거울상 이성질체, (Optical isomer; 광학 이성질체)

두 화합물이 서로 거울상이면서 겹쳐지지 않는 화합물.

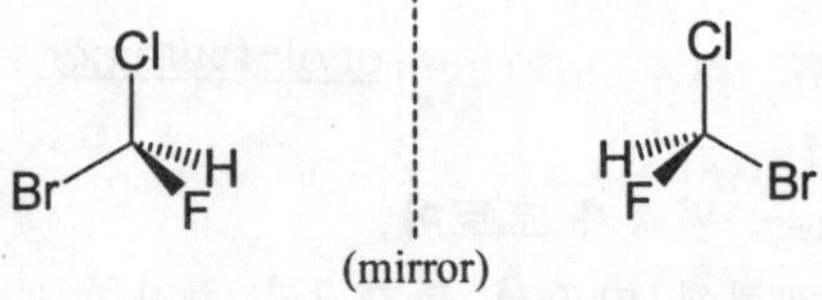

bromochlorofluoromethane의 거울상 이성질체들

4-11 Chirality; 키랄성

겹쳐지지 않는 거울상을 가지고 있는 성질. 한 쌍의 거울상 이성질체들은 각각 키랄성을 가지고 있다.

* 키랄성이 없는 것을 achirality(비키랄성)이라 한다.

* chiral center(키랄 중심): 4개의 다른 기가 붙어있는 4면체 중심(탄소) 원자를 지칭.

(asymmetric center(비대칭 중심)와 동의어.)

4-12 Dissymmetric molecule; 불완전 비대칭 분자

원자들이 불완전 비대칭을 이루고 있는 분자로서, 이의 거울상과 서로 겹쳐지지 않으므로 키랄성은 있으나 키랄 중심은 없는 화합물.

1,3-dimethylallene의 거울상 이성질체들

4-13 Plane-polarized light; 평면 편광

전기장이 단일 평면에서 진동하는 전자기 복사선.

4-14 Optical activity; 광학 활성

하나의 거울상 이성질체에 평면 편광을 쪼이면 편광면을 회전시키는 성질. 따라서 키랄성(chirality)이 있다고 말할 수 있다.

4-15 Optical rotation, α; 광 회전각

편광계(polarimeter)에서 평면 편광이 광학 활성분자를 통과할 때 생기는 회전되어진 각도.

4-16 Specific rotation, [α]; 고유 광회전도

α(광회전각)을 측정하여 얻은 어떤 거울상 이성질체의 고유한 광회전 값.

$[\alpha]^T_\lambda = \alpha / l \cdot c$ T: 온도, λ: 평면 편광의 파장(nm),

l: 시료용기의 길이(dm), c: 시료 농도(g/mL)

4-17 Polarimeter; **편광계**

optical rotation을 측정하는 기구.

4-18 (+) or (-)-Enantiomer; (+) **또는 (-)-거울상이성질체**

편광면을 시계방향으로 회전시키는 거울상 이성질체를 (+)-enantiomer라 하고, 반시계방향으로 회전시키는 것을 (-)-enantiomer라고 한다.

4-19 Dextrorotatory (*d*); **우선성**, Levorotatory (*l*); **좌선성**

4-18에서 (+)는 *d* 에 해당하고, (-)는 *l* 에 해당한다.

4-20 Group priority; **원자단 우선 순위**

작용기의 원자량 크기 순서로서, 분자내의 중심 원자에 붙어 있는 원자단들 중 가장 낮은 순위의 원자(단)을 바라볼 때, 시계방향으로 원자단 우선순위가 배열 되어있는 chiral center를 (*R*)배열이라하고 반시계방향으로 배열되어 있는 것을 (*S*)배열이라 한다.

주로 많이 쓰이는 원자단을 크기 순서대로 나열하면 다음과 같다.

I>Br>Cl>-SO_2R>-SOR>SR>SH>F>-OCOR>OR>OH>-NO_2>-NO>
-NHCOR>NR_2>NHR>NH_2>-CX_3(X=halogen)>COX>CO_2R>CO_2H>
-$CONH_2$>-COR>-CHO>-CR_2OH>-CH(OH)R>-C≡CR>-C≡CH>
-C(R)=CR_2>-C_6H_5>-C(R)=CH_2>-CR_3>D>H>electron pair.

(*R*)-configuration, (*S*)-configuration

4-21 Absolute configuration; **절대 배열**

분자내에서 각 chiral center의 고유한 (*R*) 또는 (*S*)배열.

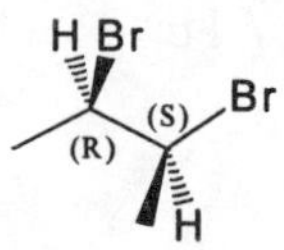

4-22 Relative configuration; **상대 배열**

한 화합물의 chiral center에서 결합이 파괴되지 않고 다른 화합물로 변환되었을 때 비록 광학 활성인(optically active) 화합물의 절대 배열은 알지 못하더라도, 이 두 화합물 사이에 관련된 배열. 이때 편광면의 회전에는 무관하고 (*R*) 또는 (*S*)배열에도 무관하다.

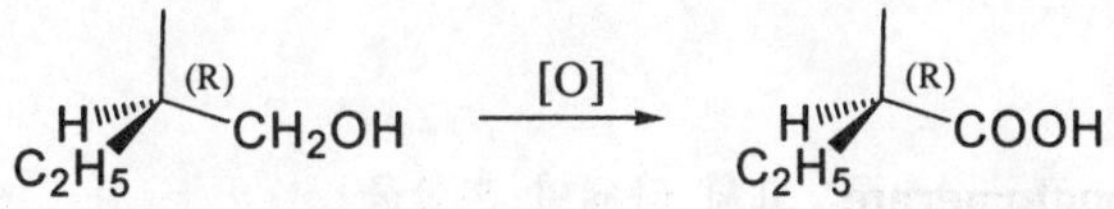

(-)-enantiomer (+)-enantiomer

<2-methyl-1-butanol의 상대 배열의 보존>

* <u>**탄수화물 화학**</u>(<u>carbohydrate chemistry</u>)에서는 (*R*)-배열이 반응 후에도 그대로 보존된 경우에는 <u>D-configuration</u>이라 하고, (*S*)-배열이 그대로 보존된 경우에는 <u>L-configuration</u>이라 한다. (*d* 또는 *l* 과 혼동하지 말 것)

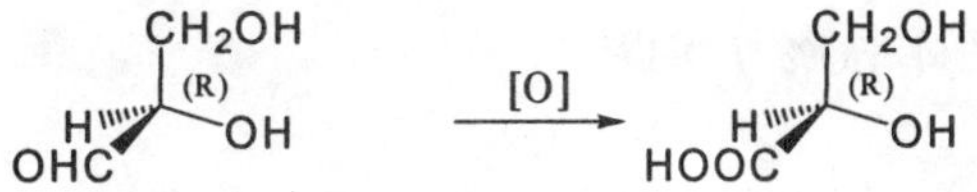

D-(+)-glyceraldehyde, D-(-)-glyceric acid

<<u>(*R*)-configuration이 반응후에도 그대로 보존됨.</u>>

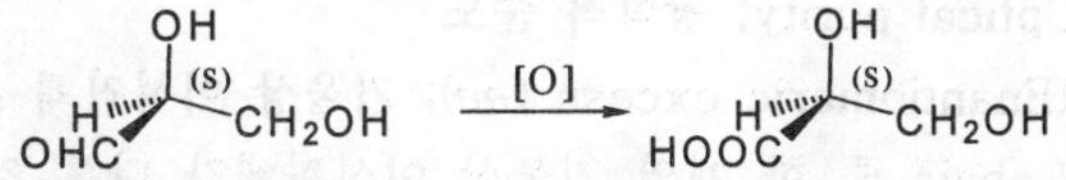

L-(-)-glyceraldehyde, L-(+)-glyceric acid

<<u>(*S*)-configuration이 반응후에도 그대로 보존됨.</u>>

4-23 Retention (Inversion) of configuration; **배열의 보존(반전)**

한 화합물에서 다른 화합물로 변환될 때 상대적 배열이 같을 때 <u>배열의 보존</u>이라 하고, 반대로 될 때 <u>배열의 반전</u>이라고 한다.

4-24 Racemic mixture (Racemate); 라세미 혼합물 (라세미체)

한 쌍의 거울상 이성질체들이 50:50으로 존재하는 혼합물. 이때 광회전도는 0이다. <*d,l*-pair 또는 racemic modification (라세미 변형)이라고도 한다.>

* 이런 현상을 일으키는 반응을 라세미화 반응 (racemization)이라 한다.

4-25 Conglomerate; 고체 라세미 혼합물

고체 결정체로 된 racemic mixture(racemate).

4-26 Resolution; 분할

라세미 혼합물에서 순수한 거울상 이성질체로의 분리.

4-27 Enantiomeric purity; 거울상 이성질체 순도

혼합된 거울상 이성질체들에서 한 거울상 이성질체가 차지하는 백분율(%). racemic mixture에서 거울상 이성질체의 순도는 각각 50% *d* 와 50% *l* 이다.

4-28 Optical stability; 광학 안정도

주어진 조건에서 순수한 거울상 이성질체가 반응하여 라세미화를 일으키지 않을려고 하는 정도.

4-29 Optical purity; 광학적 순도
(Enantiomeric excess (*ee*); 거울상 이성질체 초과분)

d,l -pair 중 한 개의 거울상 이성질체가 다른 것보다 우세하게 더 많이 존재하는 초과분(%).

* 광학적 순도와 거울상 이성질체 순도 간의 관계식;

optical purity(% *ee*)=2(% of enantiomeric purity)-100%

(예), <u>*d*-enantiomer의 [α]=+120°라면, *d*, *l* -enantiomer의 관계</u>

enantiomeric purity(%)	optical purity(%*ee*)	[α](°)
100% *d* (0% *l*)	100	+120
75% *d* (25% *l*)	50	+60
50% *d* (50% *l*)	0	0
75% *l* (25% *d*)	50	-60
100% *l* (0% *d*)	100	-120

* [α]는 optical purity(% *ee*)와 관련됨.

4-30 Optical yield; 광학 수득률

순수한 거울상 이성질체가 반응하여 얻어진 생성물의 optical purity(% *ee*). (일반적인 화학반응에서 얻어진 수득률과 무관하다.)

(예), 만약 순수한 거울상 이성질체가 반응하여 100% 수득률의 racemic mixture를 얻었다면 생성물의 optical yield는 0% 이다. 왜냐하면 racemic mixture의 [α]=0이므로 광학적 순도는 없기 때문이다.
또한 비록 화학반응에서 70%의 수득률을 가진 생성물이라도 이것이 광학적으로 순수하다면 optical yield는 100% 이다. 이때 배열의 보존이나 반전과는 관계가 없다.

4-31 Diastereomer (Diastereoisomer); 부분입체 이성질체

서로 거울상도 아니고 겹쳐지지도 않는 화합물. 일반적으로 2개 이상의 chiral center로 이루어진 화합물에서 많이 볼 수 있다.

4-32 Meso compound; 메소 화합물

분자 내에 대칭면 또는 대칭점을 가지고 있는 <u>광학적 비활성 (optically inactive)</u>인 화합물. 따라서 [α]=0이다.

4-33 Fischer projection; 피셔 투영도

키랄성 화합물의 3차원적 구조 배열을 평면상에 나타내는 투시도로서 중심 탄소의 좌, 우측은 평면 앞으로 튀어 나온 것으로 간주하고 상, 하측은 평면 뒤로 들어간 것으로 간주한 투영도.

4-34 Newman projection; 뉴만 투영도

탄소-탄소 축으로 바라볼 때, 탄소에 붙은 원자(단)들을 같은 평면상에 나타낸 투영도. 앞쪽 탄소는 실선으로 나타내고 뒤쪽 탄소는 원에 가려지게 하고 그 탄소에 붙은 원자(단)은 원 밖으로 실선으로 그려진다.

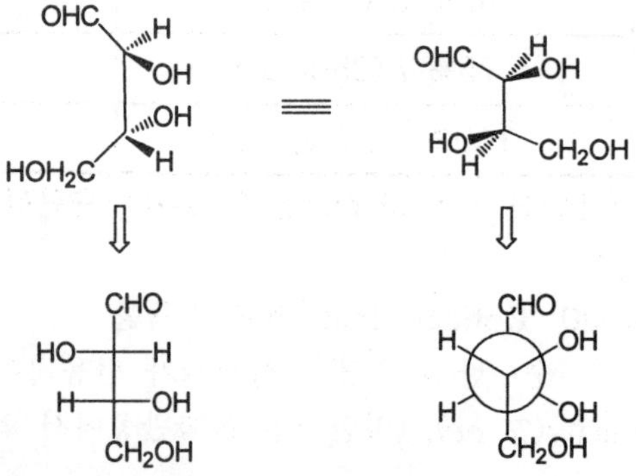

<피셔 투영도> <뉴만 투영도>

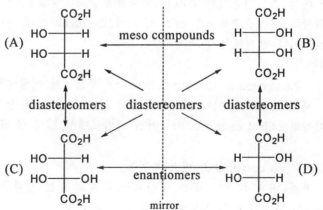

* 피셔 투영도로 나타낸 enantiomer, diastereomer, meso 화합물

(Tartaric acid의 입체이성질체들)

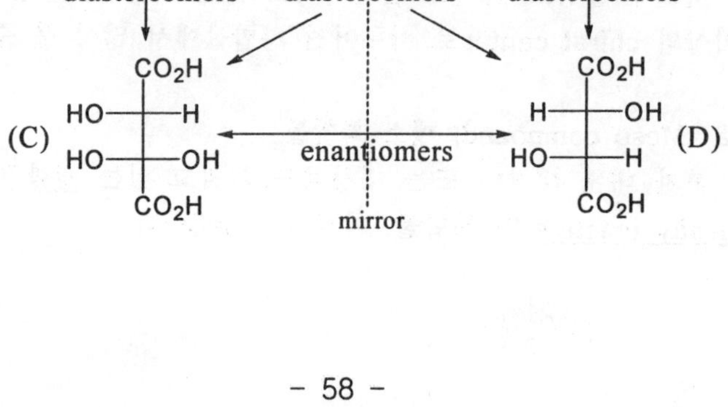

(A)와 (B)는 서로 거울상이지만, 대칭면을 가지고 있으므로 meso 화합물이며 이 두개는 같은 화합물이다. (C)와 (D)는 *d,l*-pair이며 (A)와 (C), (A)와 (D), (B)와 (C), (B)와 (D)는 서로 부분입체 이성질체 관계에 있다.

4-35 Homotopic(equivalent) hydrogen; 대칭 교환자리 수소
Heterotopic(nonhomotopic) hydrogen; 대칭 비교환자리 수소

대칭 회전축에 의해 서로 교환 가능한 수소들, 즉 한 개의 수소가 다른 원자로 치환되어도 나머지 수소들이 서로 구별 안 되는 수소들을 homotopic hydrogens이라 하고, 이와는 달리, 한 개의 수소가 다른 원자로 치환되면 대칭축이 존재하지 않는 경우의 수소들을 heterotopic(nonhomotopic) hydrogens라고 한다.

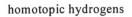

homotopic hydrogens

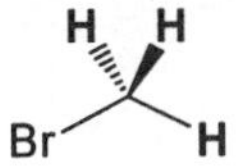

한개의 수소가 다른 원자로 치환되어도 대칭축이 존재.

heterotopic (nonhomotopic) hydrogens

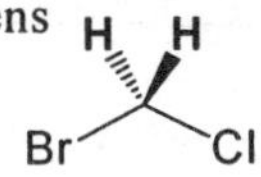

한개의 수소가 다른 원자로 치환되면 대칭축이 없어짐.

4-36 Enantiotopic hydrogens; 거울상 이성질성 자리 수소

한 분자내에서 어떤 탄소에 붙어있는 두개의 수소들 중 하나가 다른 원자(단)으로 치환되면 비대칭 분자(asymmetric molecule 또는 chiral molecule)가 될 때, 이러한 한쌍의 수소들을 지칭한다. <전비대칭 수소(prochiral hydrogens)라고도 한다.>

* 4-35에서 heterotopic hydrogens에 해당한다.

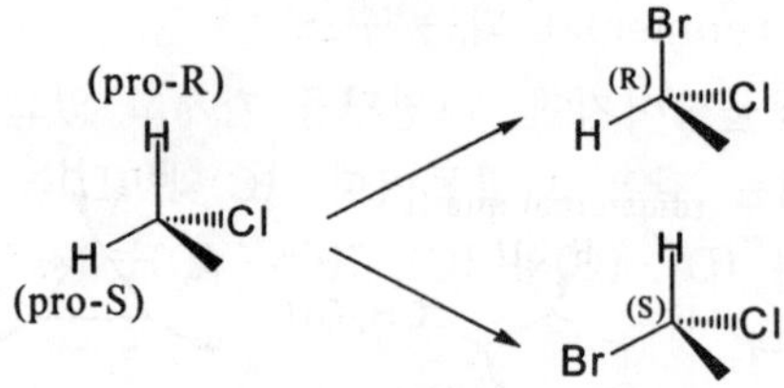

두 수소들 중에서 한개의 H가 치환되어 (*R*)-배열을 이루면 이 H를 pro-*R* 수소라 하고, (*S*)-배열을 이루면 pro-*S* 수소라 한다.

4-37 Enantiotopic faces; **거울상 이성질성 면,** (Prochiral faces; **전비대칭 면**)

π-결합계에서 어느 한쪽 면으로 친핵체가 접근했을때 생성되는 enantiomer와 그 반대면에서 얻어지는 것이 다른 enantiomer일 경우에 적용되는 면들을 지칭한다.

* 만약 양쪽면들에서 일어나는 결과가 모두 같은 경우에는 비거울상 이성질성 면(non-enantiotopic faces)이라 한다.

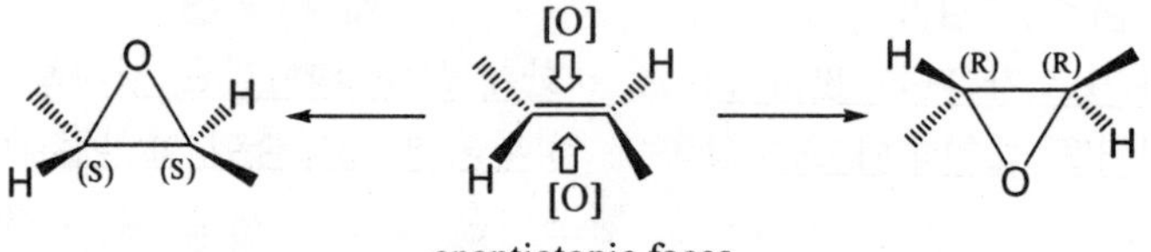

enantiotopic faces

<생성되어진 두 물질은 *d,l*-pair이다.>

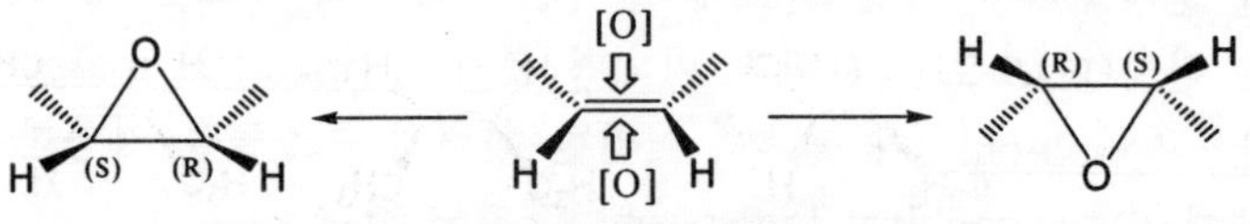

non-enantiotopic faces

<생성되어진 두 물질은 같은 meso 화합물이고, achiral이다.>

4-38 Diastereotopic hydrogens; **부분입체 이성질성 자리 수소**

한 쌍의 수소들 중 하나가 다른 원자(단)으로 치환되면 부분입체 이성질체(diastereomer)가 되는 수소.

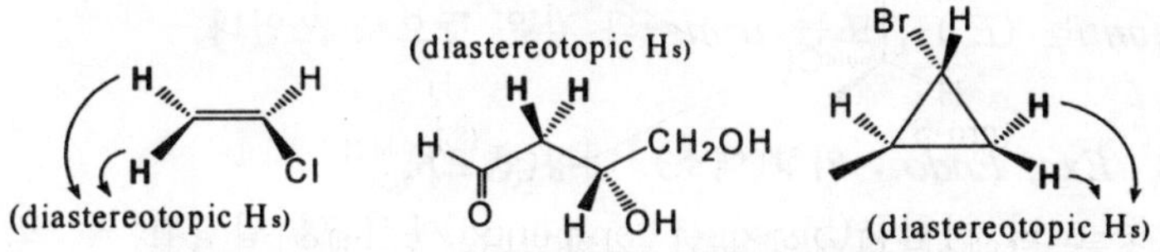

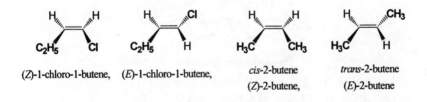

4-39 Diastereotopic faces; **부분입체 이성질성 면**

π-결합계에서 어느 한쪽 면으로 친핵체가 접근했을 때 생성되는 화합물과 그 반대 면에서 얻어지는 것이 서로 다른 부분입체 이성질체들(diastereomers)일 경우에 적용되는 면들을 지칭한다.

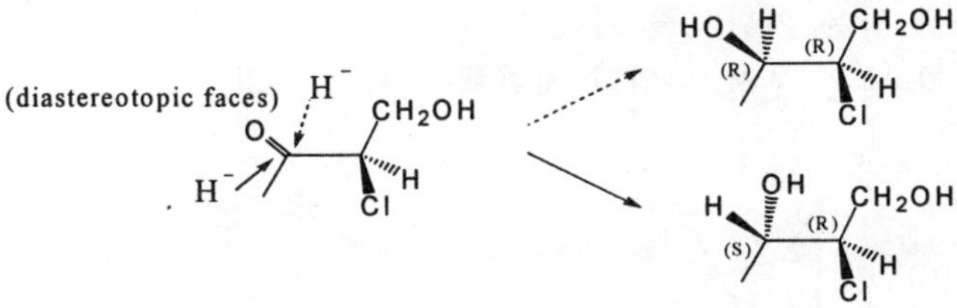

4-40 (*Z*)-, (*E*)-configuration; (*Z*)-, (*E*)-배열

2중 결합을 중심으로 양쪽에 치환된 각각의 두개의 원자(단)들 중 group priority가 (4-20, 참조) 큰 것들이 서로 같은 면에 있으면 (*Z*)-배열이고, 반대 면에 있으면 (*E*)-배열이다.
<입체이성질체들 중, <u>기하 이성질체</u>에 해당.>

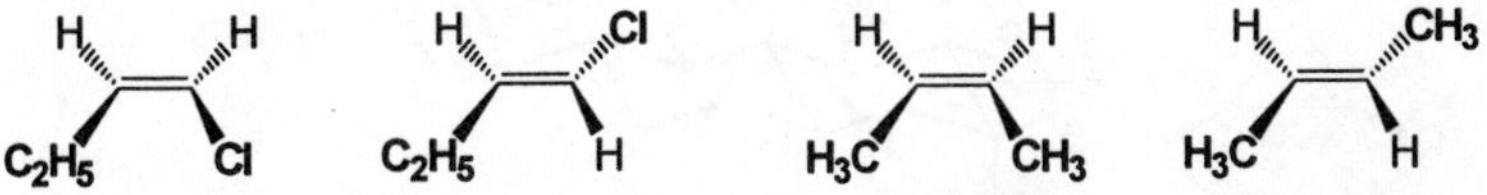

(*Z*)-1-chloro-1-butene, (*E*)-1-chloro-1-butene, *cis*-2-butene (*Z*)-2-butene, *trans*-2-butene (*E*)-2-butene

<u>*cis*</u>-, <u>*trans*</u>-는 (*Z*)-, (*E*)-와 각각 같이 쓰이나, 같은 원자(단)들이 양쪽에 있는 경우에 주로 쓰인다.

4-41 *Syn, Anti* ; 신, 안티

*syn*은 (*Z*)-, 또는 *cis*-와 같은 뜻으로 쓰이고,

*anti*는 (*E*)-, 또는 *trans*-와 같은 뜻으로 쓰인다.

4-42 *Exo, Endo* ; **외향(엑소), 내향(엔도)**

두 고리 화합물(bicyclic compound)에서 덜 밀집된 쪽, 또는 주 다리(main bridge) 부분에 더 가까운 쪽을 *exo*-라 하고, 그 반대쪽을 *endo*-라고 한다.

* main bridge는 다음 순서에 따라 적용된다.

(1) 헤테로원자를 포함한 다리.

(2) 가장 작은 수의 탄소로 이루어진 다리.

(3) 포화탄화수소로 연결된 다리.

(4) 가장 작은 치환체를 가진 다리.

(5) 가장 낮은 우선 순위의 치환체를 가진 다리.

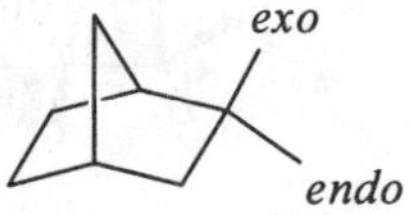

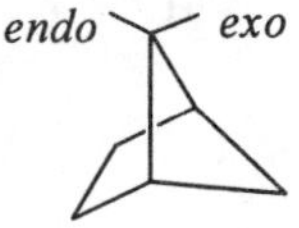

4-43 α-configuration, β-configuration; α-배열, β-배열

당이나 steroid 화합물에서 치환체가 아래쪽으로 배향되어진 것을 α-배열, 위쪽으로 배향되어진 것을 β-배열이라고 한다.

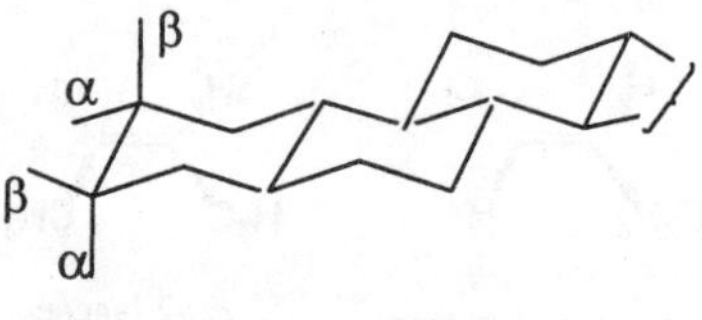

4-44 *Erythro, Threo*; **에리트로, 트레오**

이웃하는 두 비대칭 탄소에서 각각 같은 두개의 기가 결합되어있고 제3의 기만 다를 때, 같은 두 기의 배열 방향이 같아서 제3

의 기만 같아지면 meso-form이 되는 형태를 *erythro*라 하고, 같은 두 기의 배열 방향이 반대이고 제3의 다른 기만 같은 배열 방향을 한 형태를 *threo*라고 한다.

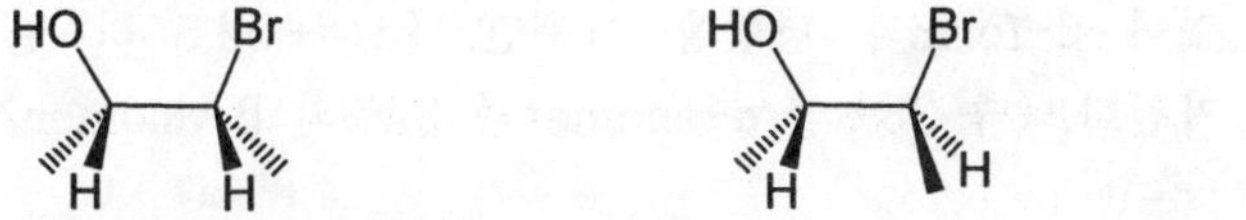

erythro-3-bromo-2-butanol, *threo*-3-bromo-2-butanol

4-45 Epimer; 에피머, Epimerization; 에피머화

두개 이상의 chiral center들 중 하나의 chiral center에서만 배열이 다른 diastereomer. 이런 변환을 <u>epimerization</u>이라 한다.

<2,5-dimethylcyclohexanone의 epimers >

(2R, 5S) (2S, 5S)

4-46 Anomer; 아노머

탄수화물(당 류) 화학에서 주로 많이 사용되는 용어로서, 고리내에 있는 당의 hemiacetal, 또는 acetal 탄소에서 배열이 다른 두개의 epimer로 지칭되는 화합물.

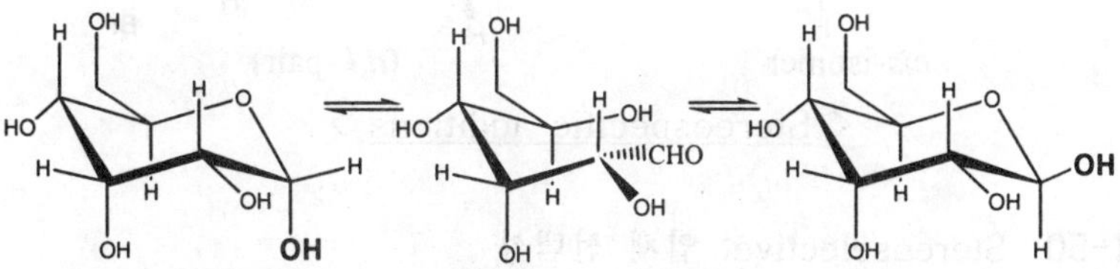

α-anomer (open-chain) β-anomer

< D-glucose의 두개 anomer들.>

4-47 Mutarotation; **변 광회전 현상**

용액 중에서 물질의 광회전도가 변하는 현상.

(예) α-form의 포도당을 물에 녹인 직후의 [α]=+111˚이지만, 이것이 β-form과 평형을 이루면, [α]=+52.5˚의 일정한 값을 가진다. (즉 38%의 α-anomer와 62%의 β-anomer가 존재.)

4-48 Pseudoasymmetric carbon; **유사 비대칭 탄소**

분자 내에 chiral center가 두개 이상 있지만 meso-form의 거울면에 위치하고 있는 탄소(*표시). 이것은 키랄성이 없다.

4-49 Stereospecific; **입체특이성**

어떤 특정한 입체이성질체가 반응하여 특이한 한개의 입체이성질체(또는 *d,l* -pair)만을 생성하는 현상. 즉 입체화학적으로 상이한 반응물들은 입체화학적으로 상이한 생성물만 형성하는 것.

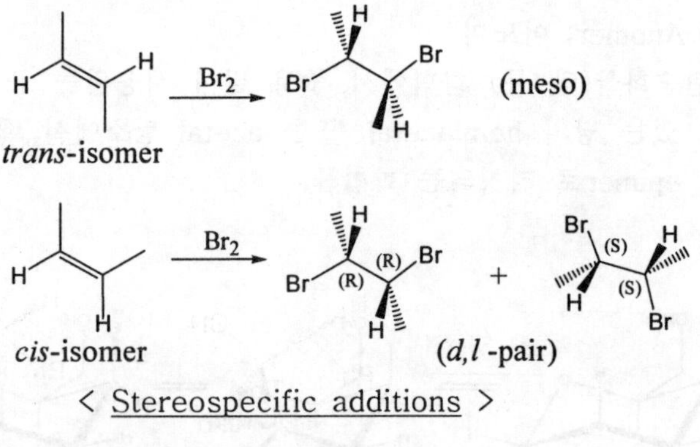

< Stereospecific additions >

4-50 Stereoselective; **입체 선택성**

생성되는 두개의 가능한 입체이성질체들 중, 하나가 다른 것보다 더 우세하게 생성되는 현상.

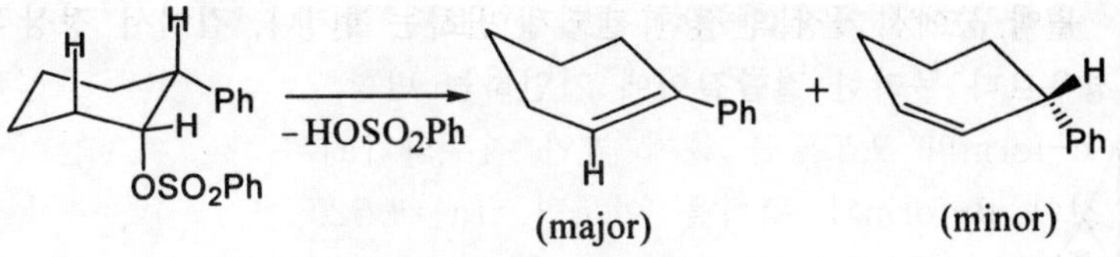

<Stereoselective elimination>

4-51 Regioselective; 위치 선택성

두개의 가능한 구조이성질체들 중, 어느 하나의 구조이성질체가 다른 것보다 우세하게 생성되는 현상.

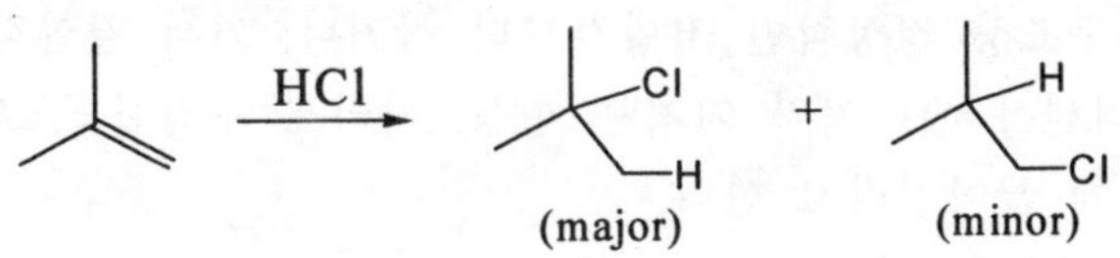

<Regioselective addition (Markownikoff's rule)>

4-52 Regiospecific; 위치 특이성

두개의 구조 이성질체가 가능하지만, 한 개의 구조 이성질체만 생성되는 현상. (regioselective와 가끔 혼용하기도 한다.)

4-53 Asymmetric induction; 비대칭 유발

분자 내에 새로 생기는 chiral center는 이미 존재하는 chiral center에 의해 입체선택성이 유발되는 것.

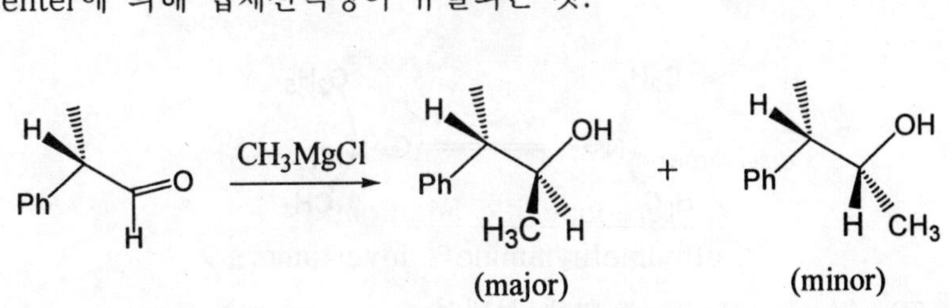

* 이러한 비대칭 유발에 의한 합성을 비대칭 합성(asymmetric synthesis)이라고 한다.

4-54 Bond-stretching strain; 결합-신축 무리

결합구조상 가장 안정한 결합길이보다 짧거나, 길어서 정상적인 경우보다 무리한 결합길이에 기인하는 변형.

화살표로 지시한 결합길이는 1.75Å이므로 정상적인 탄소-탄소 결합길이인 1.54Å보다 더 길다. 따라서 무리한 분자구조를 이루고 있어서 쉽게 끊어질려고 한다.

4-55 Angle strain; 결합각 무리

분자구조상 정상적인 결합각보다 작거나, 커서 결합각에 무리가 생겨 퍼텐샬 에너지가 커지는 현상. 따라서 무리한 구조 때문에 고리가 쉽게 끊어질려고 한다.

(예) 삼각형(결합각=60˚)과 사각형(결합각=90˚) 고리구조는 정상적인 *sp*^{3} 탄소의 결합각=109.5˚보다 작으므로 strain을 받지만, 5각형(결합각=108˚)은 정상적인 각도에 근접해 있음으로 결합각 무리를 받지 않는다.

4-56 Invertomer; 반전 이성질체

비공유 전자쌍을 가지고 있는 원자에서 반전이 일어나 생기는 두개의 conformer(이형태체).

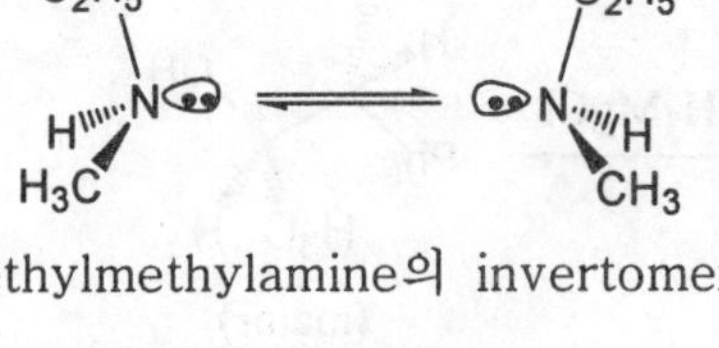

< ethylmethylamine의 invertomers >

4-57 *gem*-; 같은 자리, *vic*-; 이웃 자리

한 원자에 같은 원자(단)이 두개 붙어있는 것을 나타내는 접

두어를 *gem* (geminal)이라 하고, 직접 결합된 서로 이웃한 원자들에 같은 원자(단)이 각각 한 개씩 붙어있는 것을 나타내는 접두어를 *vic* (vicinal)이라고 한다.

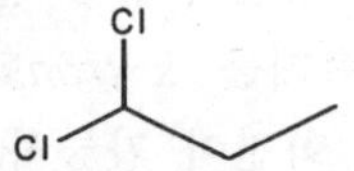

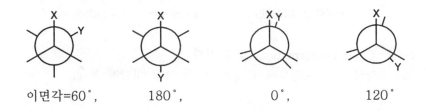

gem-1,1-dichloro-propane,

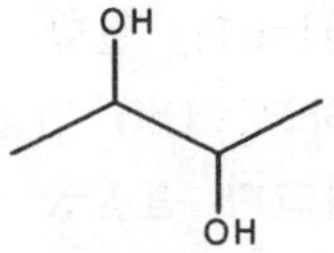

vic-2,3-butanediol

4-58 Dihedral angle; 이면각

X-C-C-Y 비선형 결합 체계에서 X-C-C 면과 C-C-Y 면 사이의 각.

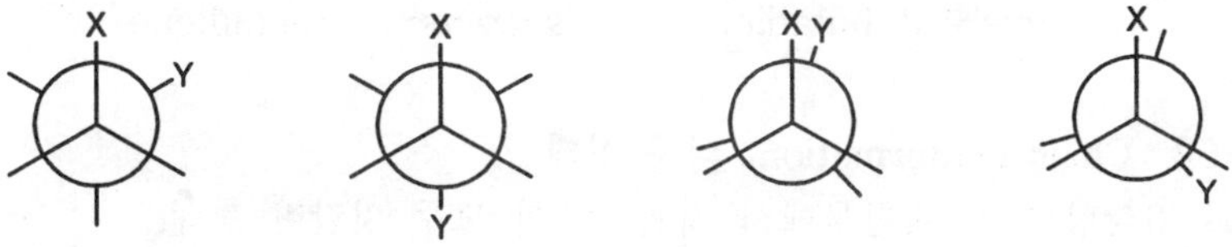

이면각=60°, 180°, 0°, 120°

4-59 Eclipsed conformation; 가리움 형태

이면각이 0°로서 탄소-탄소 축으로 바라볼 때, 치환체들이 포개어진 형태. 두 탄소 사이에 다른 치환체가 있으면 *cis*-형태(이면각=0°)와 부분 가리움 형태(partially eclipsed conformation)(이면각=120°)의 두 종류가 있을 수 있다. <4-58, 참조>

4-60 Staggered conformation; 엇갈린 형태

이면각이 60°로서 탄소-탄소 축으로 바라볼 때, 치환체들이 서로 엇갈린 형태. 두 탄소 사이에 서로 다른 치환체가 있으면 이면각이 60°인, 고우시-형태(*gauche*-conformation)와 이면각이 180°인, 안티-형태(*anti*-conformation)가 있을 수 있다.
<4-58, 참조>

* *gauche*-conformation은 *skew*-conformation(비틀린 형태)의 동의어, *anti*-conformation은 *trans*-conformation과 동의어.

4-61 *s-cis*; *s*-시스, *s-trans*; *s*-트란스

H_2C=CH-CH=CH_2 결합 체계에서 이면각이 0°인 가리움 형태를 *s-cis* 라 하고, 180°인 가리움 형태를 *s-trans* 라고 한다. 이러한 현상은 시그마 결합을 중심으로 회전이 가능하므로 생기는 형태 이성질체이다. <*s*는 sigma-bond의 약어>

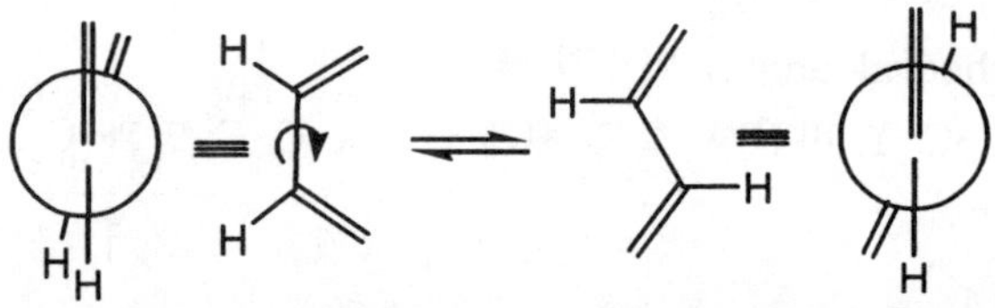

s-cis-1,3-butadiene, *s-trans*-1,3-butadiene

4-62 Chair conformation; 의자 형태

6각형 고리 화합물에서 치환체들이 모두 엇갈린 형태.

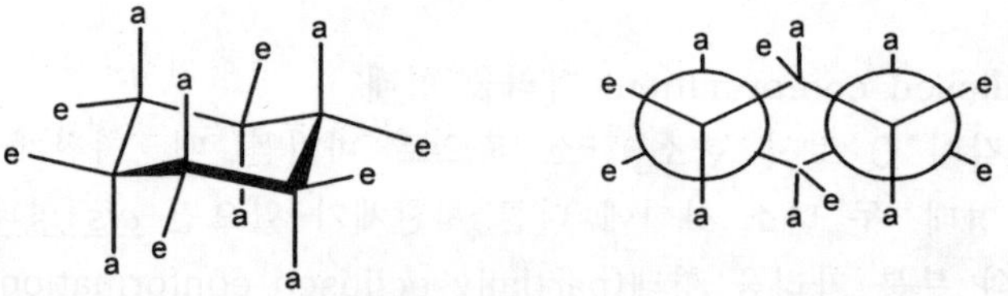

<cyclohexane의 의자 형태>

* a (axial)는 축방향; 치환체가 위, 아래 수직으로 배향.
  e (equatorial)는 수평방향; 치환체가 좌, 우 수평으로 배향.

4-63 Boat conformation; 보트 형태

Twist boat conformation; 꼬인 보트 형태

6각형 고리 화합물에서 마주보고 있는 치환체들이 모두 포개어진 형태를 보트 형태라 하고, 6각형 고리가 비틀려 꼬인 것을 꼬

인 보트 형태 [또는 비틀린 보트 형태(skew boat conformation)]라고 한다.

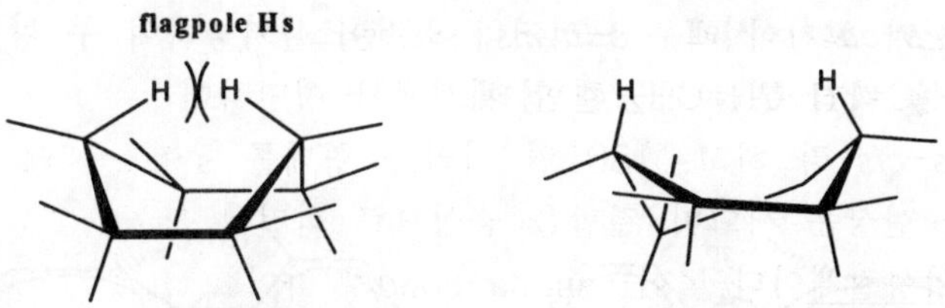

<보트 형태> <꼬인 보트 형태>

한 의자 형태에서 엎침 뒤침(flip-flop)하여 다른 의자 형태로 바뀌는 중간과정에서 보트 형태를 거치는데 이때 깃대 방향(flagpole) 수소들이 너무 가까이 겹쳐져서 입체장애를 일으켜 불안정하므로 조금 더 안정한 꼬인 보트 형태로 변환된다.

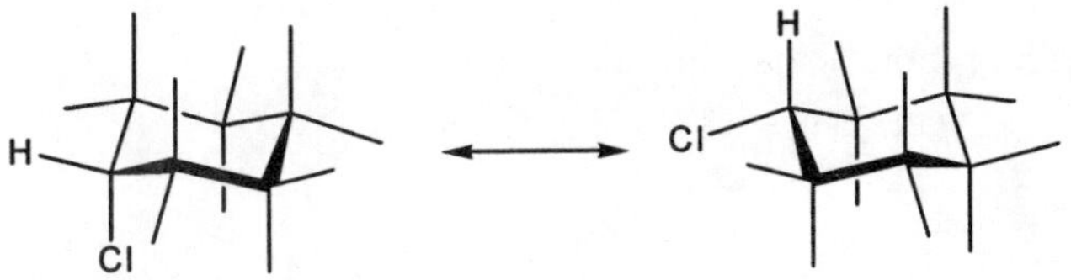

한 의자 형태에서 다른 의자 형태로 변환하면 수평방향-치환체는 축 방향-치환체로 배향이 바뀌고, 축 방향-치환체는 수평방향-치환체로 배향이 바뀐다.

4-64 Pseudoaxial; **유사 축 방향,**
Pseudoequatorial; **유사 수평방향**

보트 형태에서 축 방향과 근접한 것을 유사 축방향이라 하고, 수평방향에 근접한 것을 유사 수평방향이라 한다. <4-63, 참조>

4-65 Torsional strain; **비틀림 무리**

가리움 형태에서 나란히 마주보고 있는 결합전자쌍들이 서로 반발함에 기인한 변형.

4-66 Atropisomer; **회전장애 이성질체**

어떤 주어진 조건하에서 한 형태의 시그마 결합을 중심으로 회전하여 다른 형태로 변환되어질 때, 입체 구조적으로 회전 장애를 일으켜 회전이 매우 느리거나 회전이 불가능하여 두 형태 이성질체들을 각각 분리 가능한 형태.

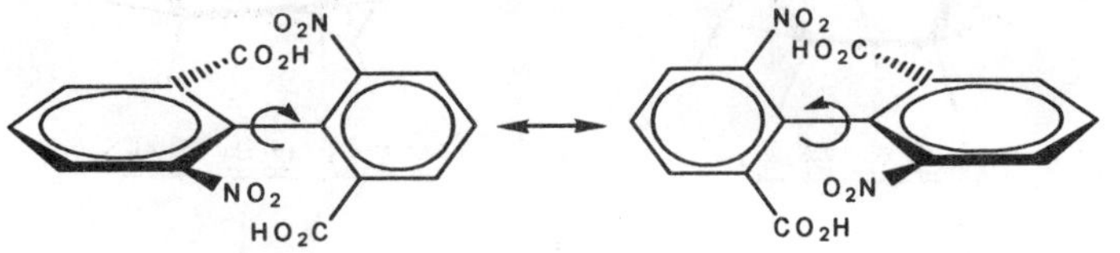

biphenyl의 *o*-위치에 4개의 치환체들이 붙어 있어서 입체 구조적으로 회전 장애를 일으켜 두 형태 이성질체들이 상호변환하기가 힘들어서 물리적으로 분리가 가능하다.

그 바람같은 마음이 머물게 한다는 건~~
정말 어려운 거란다. -생텍쥐베리의 <어린 왕자> 중에서-

제 5 장
탄수화물과 펩티드 화합물
(Carbohyrates and Peptides)

제 5 장

탄수화물과 펩티드 화합물

(Carbohyrates and Peptides)

5-1 Polyhydric alcohol (Polyol); 다가 알코올

2개 이상의 히드록시(OH)기를 함유한 화합물.

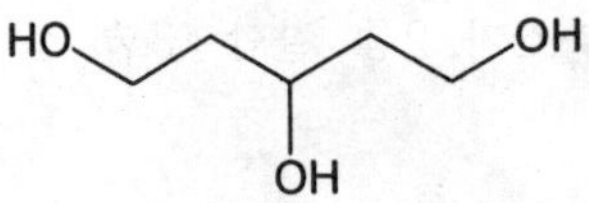

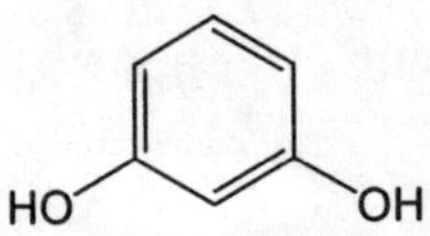

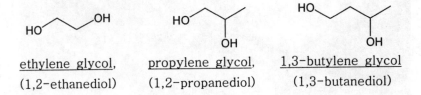

1,3,5-pentanetriol, *m*-dihydroxybenzene(resorcinol)

5-2 Glycol; 글리콜

2개의 히드록시기를 가진 화합물의 총칭.

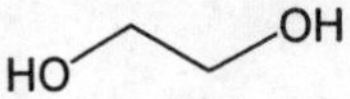

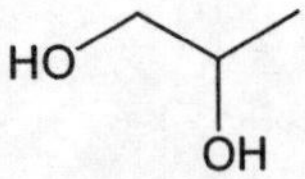

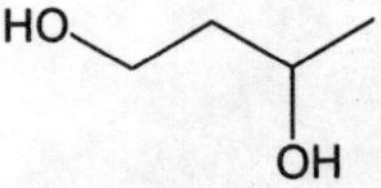

ethylene glycol, (1,2-ethanediol) propylene glycol, (1,2-propanediol) 1,3-butylene glycol (1,3-butanediol)

5-3 Ether-alcohol; 에테르-알코올

분자 내에 에테르기와 히드록시, 둘 다 가지고 있는 화합물.

(예)

HO-CH_2CH_2-O-CH_2CH_2-OH di(ethylene glycol) 또는 3-oxapentane-1,5-diol

5-4 Glyme; 글라임

glycol methyl ether의 약성어(acronym).

(예)

CH_3-O-CH_2CH_2-O-CH_3 glyme (1,2-dimethoxyethane)

5-5 Diglyme; **디글라임**

diethylene **glycol** methyl ether의 약성어.

(예)

$CH_3\text{-}O\text{-}CH_2CH_2\text{-}O\text{-}CH_2CH_2\text{-}O\text{-}CH_3$ <u>diglyme</u>

(<u>2-methoxyethyl ether</u>)

5-6 **α,β-**Unsaturated carbonyl compound;

α,β-불포화 카르보닐 화합물

카르보닐기에 연결된 α-탄소와 β-탄소가 2중 결합 (3중 결합)을 하고 있는 화합물의 총칭.

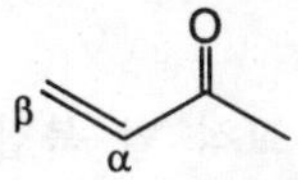

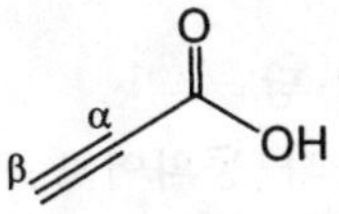

<u>3-buten-2-one,</u> <u>propynoic acid</u>

<α,β-불포화 카르보닐 화합물들>

5-7 Keto acid; **케토산 화합물**

분자 내에 또 다른 카르보닐기를 가지고 있는 카르복시 산.

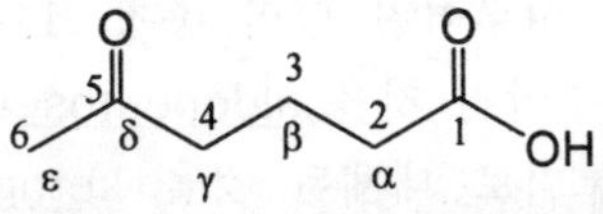

<u>δ-ketocaproic acid</u> (<u>5-ketocaproic acid</u>)

또는 <u>5-oxohexanoic acid</u>

5-8 Isotopically labeled compound; **동위원소 표지 화합물**

정상적인 원자 대신에 그의 동위원소로 대체된 화합물.

<u>[3-^{13}*C*]propanoic acid,</u> <u>ethylene-*cis*-1,2-*d*</u>

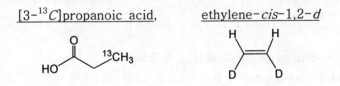

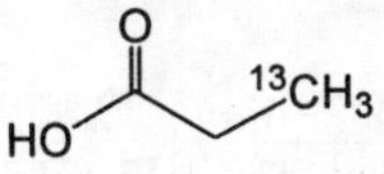

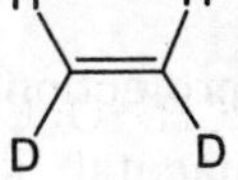

5-9 Hydroxyaldehyde; **히드록시 알데히드**

Hydroxyketone; **히드록시 케톤**

분자 내에 히드록시(-OH)기와 포르밀(-CHO)기, 둘 다 가지고 있는 화합물을 히드록시 알데히드라 하고, 히드록시기와 케톤기를 둘다 가진 경우는 히드록시 케톤이라고 한다. 특히 탄수화물(당류)에서 많이 볼 수 있다.

5-10 Carbohydrate; **탄수화물**

여러 개의 hydroxyaldehyde 또는 hydroxyketone를 함유한 화합물의 총칭. (**탄**소의 **수화물**의 준말) 일반식은 $C_n(H_2O)_n$이다.

5-11 Sugar; **당**

탄수화물과 동의어로 가끔 쓰이지만, 비교적 덜 복잡하고 작은 분자량인 수용성(물에 잘 녹는) 탄수화물을 지칭한다.

(예) $C_6H_{12}O_6$(glucose)와 $C_{12}H_{22}O_{11}$(maltose)는 sugar라고 하지만, 녹말[$(C_6H_{10}O_5)_n$]은 당이라 하지 않고 탄수화물이라 한다.

5-12 Pentose; **펜토오스**

5개의 탄소원자로 이루어진 당의 총칭. 1개의 알데히드기와 4개의 히드록시기로 이루어진 것을 aldopentose(알도 펜토오스), 알데히드기 대신에 케톤기로 대체된 것을 ketopentose(케토 펜토오스)라 한다.

5-13 Hexose; **헥소오스**

6개의 탄소원자로 이루어진 당의 총칭. 1개의 알데히드기와 5개의 히드록시기로 이루어진 것을 aldohexose(알도 헥소오스), 알데히드기 대신에 케톤기로 대체된 것을 ketohexose(케토 헥소오스)라 한다.

5-14 Haworth projection; **하워드 투영도**

고리형 hemiacetal 당류의 구조를 그릴 때 평면 고리 구조로 나타낸 투영도.

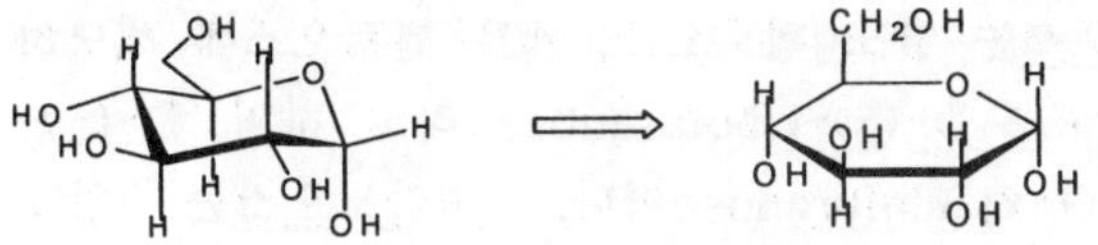 (하워드 투영도)

5-15 Aldose; **알도오스**, Ketose; **케토오스**

알데히드기를 가지고 있는 당을 알도오스라 하고, 여기에는 aldopentose와 aldohexose 두 종류가 있다.

케톤기를 가지고 있는 당을 케토오스라 하고, 여기에는 ketopentose와 ketohexose 두 종류가 있다.

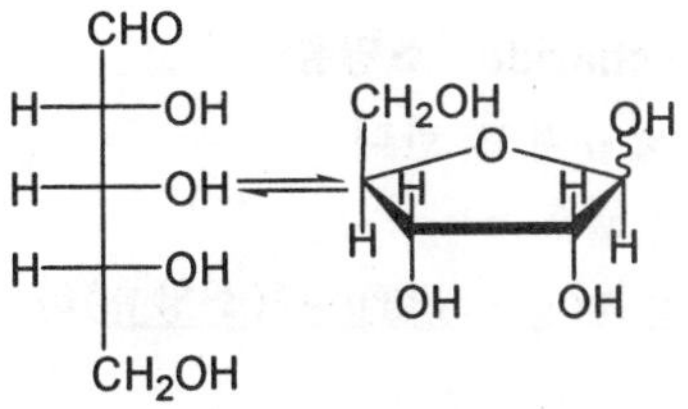

D-(-)-ribose,
< 알도 펜토오스 >

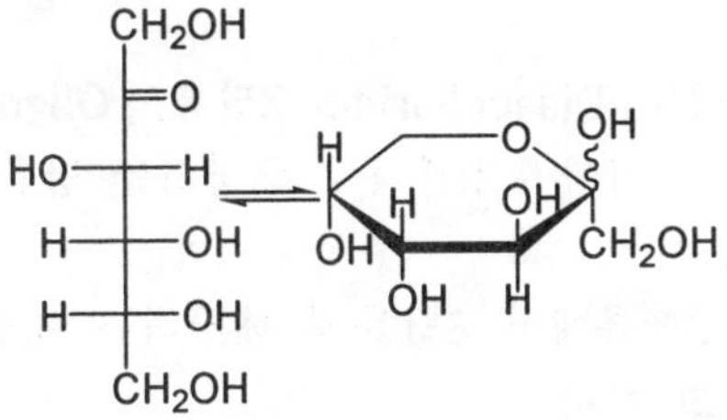

D-(-)-fructose
< 케토 헥소오스 >

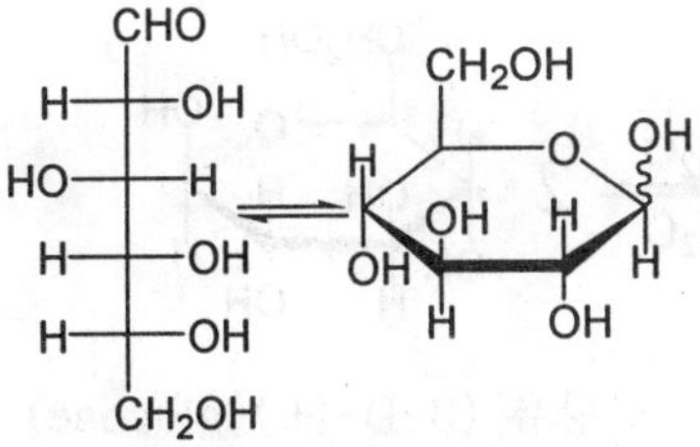

D-(+)-glucose,
< 알도 헥소오스 >

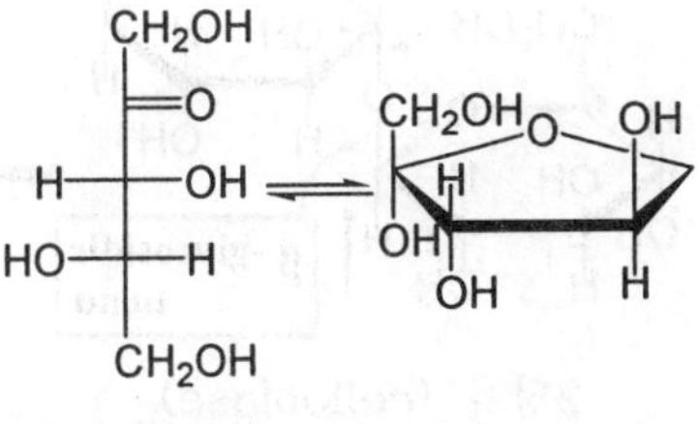

D-(-)-xylulose
< 케토 펜토오스 >

5-16 Furanose; **퓨라노오스**, Pyranose; **피라노오스**

고리 내에 산소원자를 포함한 5각형 고리 hemiacetal 또는

acetal 당을 퓨라노오스(furan과 ~ose의 합성어), 6각형인 경우는 피라노오스(pyran과 ~ose의 합성어)라 한다.

* 5-15에서 퓨라노오스는 알도 펜토오스, 케토 펜토오스에 해당하므로, D-(-)-ribose는 D-(-)-ribofuranose 라고 하며, D-(-)-xylulose는 D-(-)-xylulofuranose이다. 피라노오스는 알도 헥소오스, 케토 헥소오스에 해당하므로, D-(-)-fructose는 D-(-)-fructopyranose 라고 하며, D-(+)-glucose는 D-(+)-glucopyranose 라고도 한다.

5-17 Monosaccharide; 단당류

더 이상 가수분해를 일으키지 않는 당.

예를 들면, glucose, ribose, fructose, xylulose 등을 말한다.

5-18 Disaccharide; 2당류, Oligosaccharide; 소당류

단당류 2분자에 해당하는 당을 2당류라고 한다.

* 2당류에서 8당류에 해당하는 것을 oligosaccharide (소당류)라고 한다.

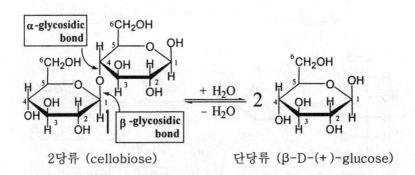

2당류 (cellobiose) 단당류 (β-D-(+)-glucose)

* cellobiose(셀로비오스): 셀룰로오스(cellulose)가 효소촉매 가수분해를 일으켜 얻어진 2당류, 또는 하나의 β-D-glucose의 1번 C에 붙은 OH와 또 다른 하나의 4번 C에 붙은 OH가 탈수반응으로 얻어진 2당류. (α-와 β-glycosidic bond를 가짐.)

5-19 Polysaccharide; 다당류

탄수화물을 가수분해해서 얻어진 두개이상의 단당류로 이루어진 당류의 총칭.

5-20 Glycoside; 글리코시드 (배당체)

알도오스의 고리형 아세탈의 관습명으로서, 고리 밖에 비당질 화합물이 ether-form (에테르-형) 결합을 형성한 화합물. 비당질 화합물을 아글리콘(aglycon)이라고 한다.

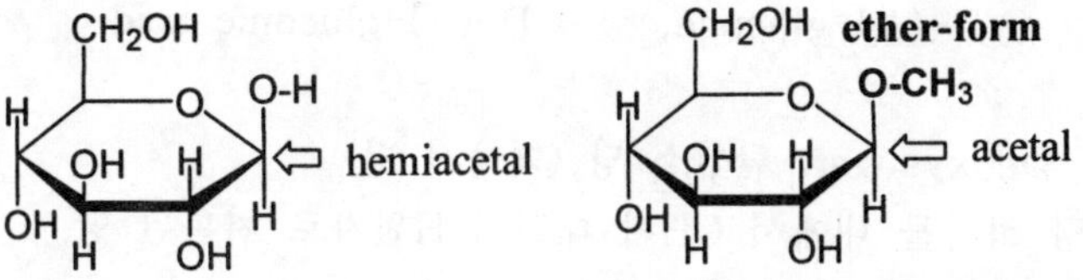

D-glucose, methyl β-D-glucoside (methyl β-D-glucopyranoside)

* α-glycosidic bond (α-글리코시드 결합): glycoside의 아세탈 탄소에서 바깥으로 연결된 산소가 아래쪽으로 배열된 결합.
β-glycosidic bond (β-글리코시드 결합): glycoside의 아세탈 탄소에서 바깥으로 연결된 산소가 위쪽으로 배열된 결합.
<4-43와 5-18, 참조>

5-21 Glycaric acid; 글리카르 산, (Saccharic acid; 사카르 산)

알도오스의 양쪽 말단 위치에서 산화된 dicarboxylic acid.

D-(+)-galactose, galactaric acid, L-(-)-galactose

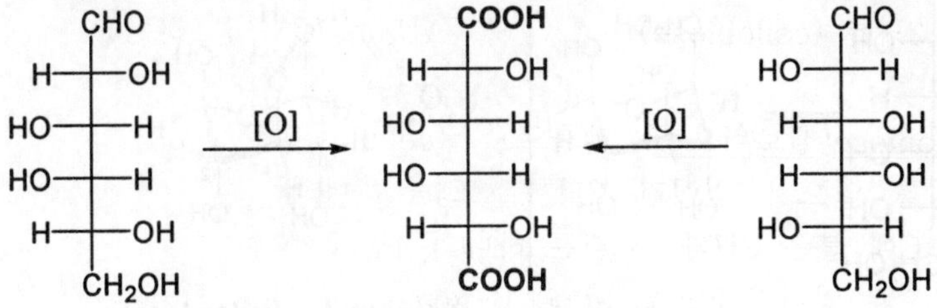

5-22 Glyconic (Aldonic) acid; 글리콘 산 (알돈 산)

당의 알데히드기가 카르복시 산으로 산화된 일염기산.

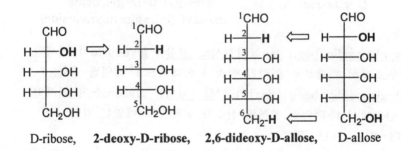

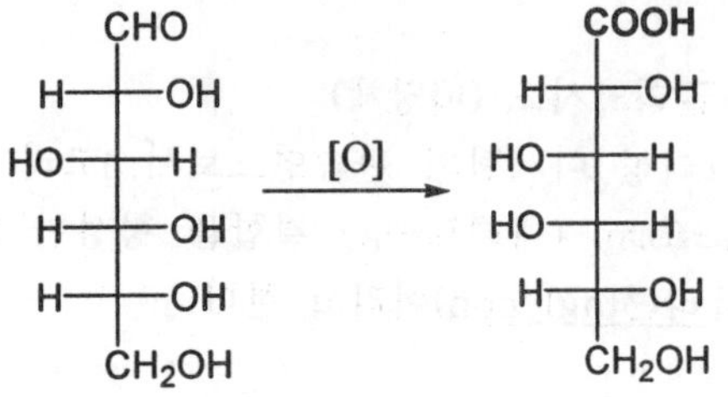

D-(+)-glucose, D-(+)-gluconic acid

5-23 Deoxysugar; 탈산소 당 (데옥시 당)

당 화합물 내에서 OH기 대신에 H원자로 치환된 당.

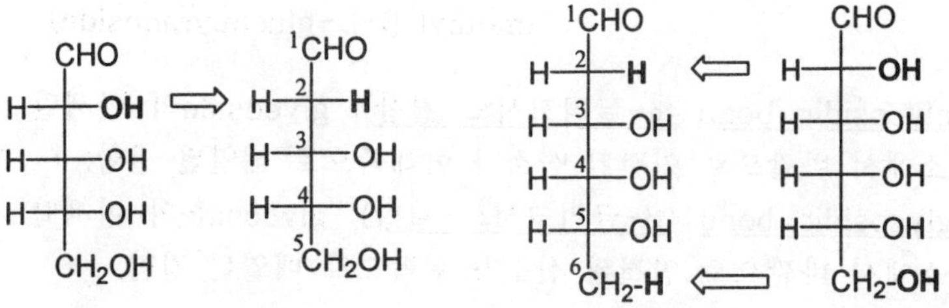

D-ribose, **2-deoxy-D-ribose, 2,6-dideoxy-D-allose,** D-allose

5-24 Anhydrosugar; 무수 당

당 분자 내에서 탈수반응을 일으킨 당.

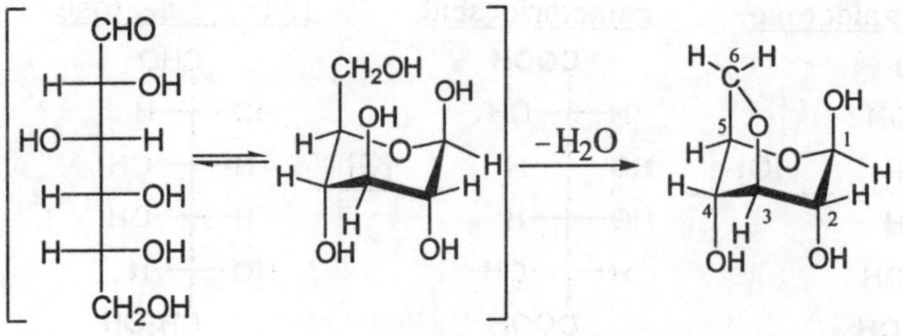

β-D-glucose **3,6-anhydro-β-D-glucose**

5-25 Amino sugar; 아미노 당

1개 이상의 OH기가 NH_2기로 치환된 aldose.

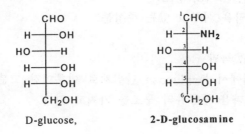

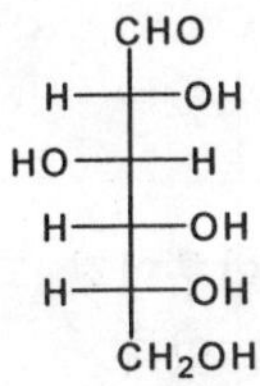

D-glucose,

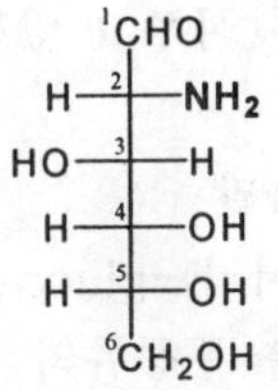

2-D-glucosamine

5-26 Reducing sugar; 환원 당

알데히드기(또는 고리형 hemiacetal)나 α-hydroxy ketone을 포함하고 있는 당으로서, Cu^{2+} 또는 Ag^{+}과 같은 순한 산화제를 환원시켜 구리 금속 또는 은 금속을 석출시킨다.

* 이러한 순한 산화제로는 주석산 음이온과 구리 착물을 이루고 있는 알카리성 용액을 <u>Fehling 용액</u>이라 하고 구연산 음이온과 착물을 이루고 있는 알카리성 용액을 <u>Benedict 용액</u>이라 하며, $[Ag(NH_3)_2]^{+}$을 포함하고 있는 암모니아성 용액을 <u>Tollens 시약</u>이라 하는데 이러한 순한 산화제들은 환원 당 확인에 사용된다.

5-27 Osazone; 오사존

페닐히드라진과 환원 당이 반응하여 생성된 두개의 phenylhydrazone(imine-form). 이 반응은 당 검출에 유용하다.

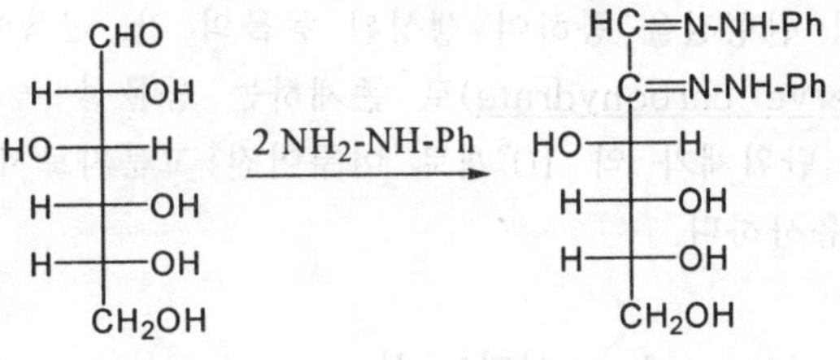

D-glucose, **D-glucose phenylosazone**

5-28 Cellulose; 셀룰로오스

D-glucose 단위체 약 3000개가 사슬형으로 cellobiose처럼 연결된 고분자. (5-18, 참조)

<식물의 세포막을 이루고 있는 주성분>

5-29 Starch; 녹말

자연상태에서 D-glucose 단위체로 이루어진 고분자성 다당류. 여기에는 다음 두종류의 구조를 가지고 있다.

(1) 아밀로오스(amylose): glucose 단위체, 250~300개가 1,4-위치에서 α-배열로만 연결되어 있는 수용성 다당류.
<(예), 2당류인 α-maltose 구조처럼 연결됨.>

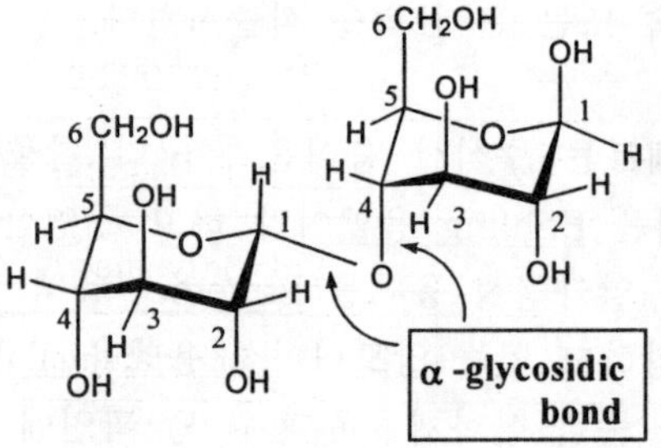

α-maltose

(2) 아밀로펙틴(amylopectin): glucose 단위체, 약 1000개로 이루어져 있는 녹말 섬유소로서, 6-위치에서 어느정도 가지달린 사슬형을 이루고 있다는 것이 amylose와 다르다.

5-30 Glycogen; 글리코겐

동물의 원형질을 통하여 생성된 동물의 간, 근육에 저장 탄수화물(reserve carbohydrate)로 존재하는 동물성 녹말. 이것은 D-glucose 단위체가 약 10^6개로 이루어진 고분자로서 아밀로펙틴 구조와 유사하다.

5-31 α-Amino acid; α-아미노 산

분자내의 같은 탄소원자에 카르복시기와 아미노기가 동시에 붙어있는 화합물로서 단백질의 가수분해에 의한 최종 생성물.

* 생체내에서 자연적으로 만들어지는 단백질을 구성하는 α-아미노산은 25가지가 있지만, 생성되지 않는 8개의 α-아미노산을 필수 아미노산(essential amino acid)이라고 하는데 이것은 인간의 건강을 위하여 음식으로 보충되어야 한다.

<8개의 필수 아미노산들>

구 조 식	화합물 명	약어
$(CH_3)_2CH-CH(NH_2)CO_2H$	L-(+)-valine	Val
$(CH_3)_2CHCH_2-CH(NH_2)CO_2H$	L-(-)-leucine	Leu
$C_2H_5CH(CH_3)-CH(NH_2)CO_2H$	L-(+)-isoleucine	Ile
$CH_3CH(OH)-CH(NH_2)CO_2H$	L-(-)-threonine	Thr
$CH_3-S-(CH_2)_2-CH(NH_2)CO_2H$	L-(-)-methionine	Met
$H_2N-(CH_2)_4-CH(NH_2)CO_2H$	L-(+)-lysine	Lys
$Ph-CH_2-CH(NH_2)CO_2H$	L-(-)-phenylalanine	Phe
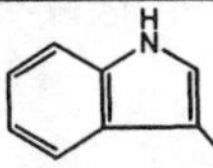 $CH_2-CH(NH_2)CO_2H$	L-(-)-tryptophan	Trp

5-32 Neutral α-amino acid; 중성 α-아미노 산

같은 수의 아미노기와 카르복시기를 가지고 있는 α-아미노산.

5-31에서 8개의 필수 아미노산 중 Lys은 중성 α-아미노산이 아니고 그 외 7개는 중성 α-아미노산이다.

* 염기성 α-아미노산(basic α-amino acid)은 분자 내에서 아미노기가 카르복시기보다 더 많은 경우이고 (예, Lys),

산성 α-아미노산(acidic α-amino acid)은 분자 내에서 아미노기가 카르복시기보다 더 적은 경우이다.

(예) $HO_2C-(CH_2)_2-CH(NH_2)CO_2H$ [glutamic acid (Glu))],
$HO_2C-CH_2-CH(NH_2)CO_2H$ [aspartic acid (Asp)]

5-33 α-Amino acid configuration; α-아미노산 배열

아미노기와 카르복시기 모두 키랄성 탄소원자에 붙어있는 경우의 배열. 생체 내에서 자연적으로 만들어지는 아미노산은 거의 같은 (*S*)-배열을 갖고 있다.

(*S*)-alanine, (2*S*,3*R*)-2-amino-3-hydroxybutanoic acid (L-threonine)

5-34 Dipolar ion (Zwitterion); 쌍극 이온 (쯔비터 이온)

아미노산 분자 내에서 카르복시기에 있는 한 개의 양성자 (proton: H^+)가 아미노기 쪽으로 이동하여 생긴 전기적 쌍극자.

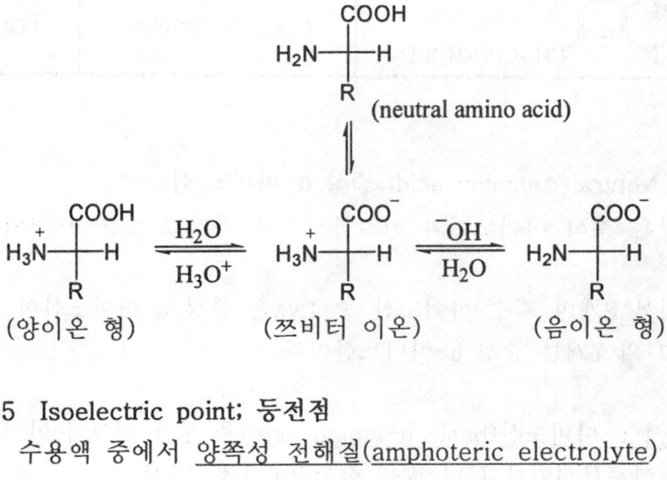

5-35 Isoelectric point; 등전점

수용액 중에서 양쪽성 전해질(amphoteric electrolyte) 전하

의 대수합이 0인 pH값. 두가지 경우가 있는데, (1) $Al(OH)_3$와 같이 산으로 전리, 또는 염기로 전리하는 것이 서로 같아질 때의 pH값, (2) 아미노산 분자가 양이온으로 존재하는 농도와 음이온으로 존재하는 농도가 같아지며 쯔비터 이온의 농도가 최대로 될 때의 pH값. (5-34의 그림 참조)

* 양쪽성 전해질: 산성과 염기성을 동시에 가지고 있는 전해질.

5-36 Peptide; 펩티드 화합물

아미노산의 아미노기와 또 다른 아미노산의 카르복시기 사이에서 탈수 반응하여 반복 축합된 아미노산들의 고분자 화합물. 이러한 축합 결합을 펩티드 결합(peptide bond)이라고 한다.

(예), 두개의 아미노산이 서로 펩티드 결합을 하면 디펩티드 화합물(dipeptides)이 된다.

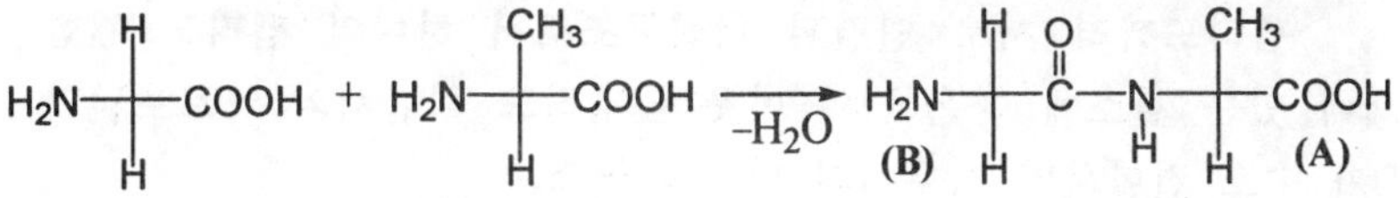

glycine(Gly) alanine(Ala) dipeptides (Gly-Ala)

* 디펩티드 화합물에서 결합하지 않은 아미노기(B에 해당)를 *N*-말단 아미노산 잔기(*N*-terminal amino acid residue)라 하고, 카르복시기(A에 해당)를 *C*-말단 아미노산 잔기(*C*-terminal amino acid residue)라고 한다.

5-37 Oligopeptides; 올리고 펩티드 화합물, Polypeptides; 폴리펩티드 화합물, Protein; 단백질

아미노산이 2~10개 정도 서로 탈수 축합하여 생긴 펩티드 화합물을 oligopeptides라 하고, 10개 이상이면 polypeptides이고, 탈수 축합한 분자량이 약 6,000~40,000,000인 폴리펩티드 화합물을 단백질이라고 한다.

5-38 Conjugated protein; **접합 단백질**

비단백질(보조효소, 비타민, 등)과 연결하여 접합된 단백질.

5-39 Conjugated metalloprotein; **접합 금속 단백질**

금속과 접합된 단백질.

(예) Hemoglobin(헤모글로빈; 혈색소): 적혈구의 주요 성분으로 붉은 색소를 띈 단백질이며 동물의 호흡, 즉 산소 운반체로서 철(Fe)원자를 포함하고 있다.

Myoglobin(미오글로빈): 근육속에 들어있는 붉은 색소 단백질로서 철 원자를 포함하고 있다.

5-40 Primary structure of a peptide; **펩티드의 1차구조**

아미노산들이 선형으로 축합 연결된 펩티드의 사슬구조.

5-41 Secondary structure of a peptide; **펩티드의 2차 구조**

펩티드끼리 서로 연결된 나선구조로서 하나의 펩티드 결합체에 있는 질소에 붙은 H와 이웃한 펩티드 결합체의 카르보닐의 O가 수소 결합하여 이루어진 나선형 구조.

5-42 Tertiary structure of a peptide; **펩티드의 3차 구조**

polypeptide 나선구조(2차 구조)가 서로 겹쳐진 3차원 구조로서 S-S 공유결합과 van der Waals결합으로 특수한 겹침 형태를 나타낸 구조.

(예) 헤모글로빈, 미오글로빈, 등.

5-43 Quaternary structure of a peptide; **펩티드의 4차 구조**

4개의 polypeptide chain들이 서로 아무런 결합 없이 단단하게 꼬여서 묶인 소단위체 단백질(oligomeric protein) 구조로서, hemoglobin은 3차 구조, 4차 구조를 모두 가진 것으로 X-ray 분석 결과 밝혀졌다.

5-44 Lipoprotein; 지방 단백질

스테아르산(stearic acid)이나 팔미트산(palmitic acid)과 같은 포화 지방산을 포함하고 있는 <u>트리글리세리드(triglyceride)</u> 지방과 접합된 단백질.

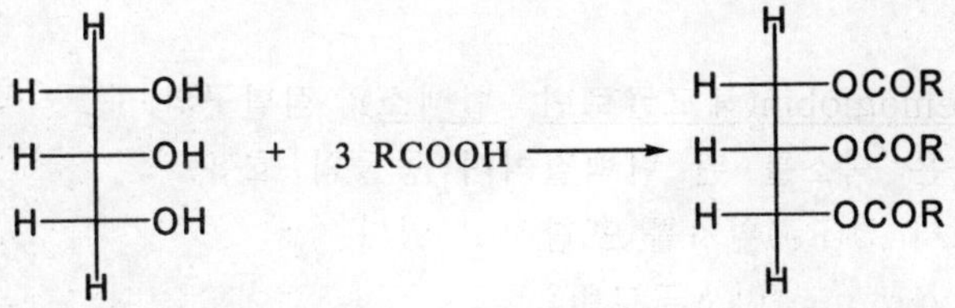

Glycerine triglyceride

5-45 Mucoprotein; 점액 단백질

점액 다당(mucopolysacchride) 부분이 접합된 단백질.

* <u>점액 다당(mucopolysacchride)</u>: hexosamine(amino sugar)을 구성 성분으로 하는 다당류.

자신의 뜻을 정성스럽게 해 주는 일은
모두 행하는 데에 있지,
뜻만으로는 정성스러움을 말할 수 없고
마음만으로 바르게 한다고 말할 수 없다.
- 대학의 한 구절 -

세상에 절대적으로 좋거나 나쁜 것은 없다.
다만, 우리의 생각이 그렇게 만들 뿐이다.

-셰익스피어-

제 6 장
물리적 성질과 화학 동역학
(Physical Property and Chemical Dynamics)

제 6 장
물리적 성질과 화학 동역학
(Physical Property and Chemical Dynamics)

6-1 Fractional distillation; 분별 증류

혼합된 액체를 끓는점의 차이를 이용하여 분리하기 위한 증류로서, 가장 휘발성이 높은 (가장 낮은 끓는점) 물질이 먼저 증류되어 나오고, 연속적으로 그 다음 높은 끓는점 순서에 따라 증류된다.

분별 증류시에는 기본적인 단순 증류장치에 <u>분별 증류관(fractional column)</u>을 장착하여 사용한다. 관 내부에서 응축과 증발이 반복되어 위로 올라 갈수록 순수한 성분을 얻을수 있다.
(관 외벽은 가열 코일로 감싼다.)

* <u>냉각기(condenser)</u>: 기화된 부분을 물로 냉각, 액화시키는 기구.

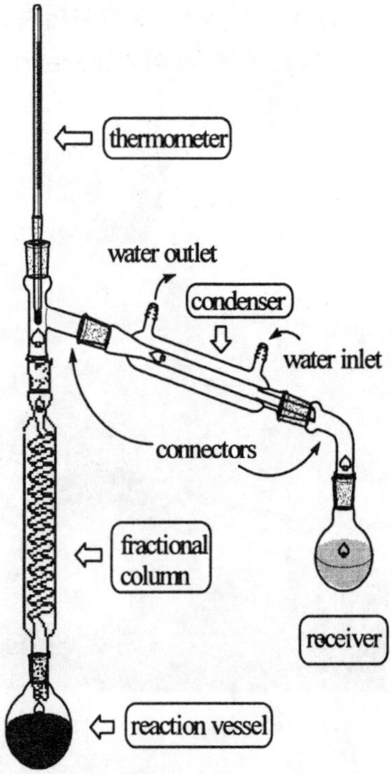

<<u>완성된 분별 증류장치</u>>

6-2 Theoretical plate; 이론 단

완전한 액체-증기 평형을 이룰 수 있는 분별 증류관 내의 한 개의 단을 말하는데, 실제로 한 개의 단으로는 완전한 액체-증기 평형을 이루기가 불가능하므로 비록 최적의 증류조건을 갖추었어도 여러 개의 단을 필요로 한다. <6-1, 그림 참조>

6-3 Height Equivalent to a Theoretical Plate(HETP); 이론단 해당 높이

한 개의 이론 단에 해당하는 분리를 수행할 수 있는 증류관 충전 높이.

6-4 Reflux ratio; 환류비

증류장치에서 응축되어져 관 내부로 다시 흘러 내려오는 액체 양과 실제로 수액기(receiver)에 모인 양의 비.

6-5 Azeotrope (Azeotropic mixture); 불변 끓음 혼합물

일정한 온도에서 증류되는 특정 조성을 가진 둘 이상의 액체 혼합물. 따라서 이런 혼합물은 분별 증류로서 분리 되어질 수 없다.

* Raoult's law으로부터 편차가 생김.

6-6 Raoult's law; 라울의 법칙

액체 혼합물 상에서 A성분의 부분압 P_A는 어떤 온도에서 순수한 A의 증기압 $P_A{}^o$와 액체 혼합물에서 A의 몰분율(X_A)을 곱한 값, 즉 $P_A=X_A\ P_A{}^o$.

이 법칙에 따르는 용액을 이상용액 (ideal solution)이라 한다.

6-7 Fugacity(f); 퓨가시티

어떤 물질이 이상 상태일 때의 증기압. 이상 상태를 벗어나면 증기압(P)에 퓨가시티 계수(υ)를 곱하여 퓨가시티를 결정한다.

$$f = \upsilon P$$

* fugaclty coefficient: 퓨가시티 계수(υ)

6-8 Minimum boiling azeotrope; 최소 불변 끓음 혼합물

Maximum boiling azeotrope; 최대 불변 끓음 혼합물

각 액체 성분의 끓는점보다 낮은 온도에서 끓는 둘 이상의 액체 혼합물을 최소 불변 끓음 혼합물이라 하고, 라울의 법칙으로

부터 양편차를 나타낸다. 이와 달리 각 액체 성분의 끓는점보다 높은 온도에서 끓는 둘 이상의 액체 혼합물을 최대 불변 끓음 혼합물이라 하고, 라울의 법칙으로부터 음편차를 나타낸다.

(예) 무게%로 4%의 물(bp, 100˚C)과 96%의 에탄올(bp, 78,3˚C)의 혼합물의 끓는점은 78.17˚C에서 끓으므로 최소 불변 끓음 혼합물이라 하고,
20.2%의 염화수소(bp, -80˚C)와 79.8%의 물의 혼합물은 108.6˚C에서 끓으므로 최대 불변 끓음 혼합물이라 한다.

6-9 Steam distillation; 수증기 증류

물과 섞이지 않는 액체 속에 뜨거운 수증기를 뿜어 넣어 수증기와 함께 증류시키는 방법. 혼합물이 가열되면 각각의 물질이 단독으로 가열되었을 때와 같은 증기압을 나타내므로 이들의 증기압과 수증기압의 합이 대기압과 같아지면 증류되어 나오고, 원래의 끓는점(bp)보다 훨씬 낮은 온도에서 증류시킬 수 있다. 보통 증류법에서 분해될 우려가 있는 물질 또는 비교적 높은 bp를 가진 물질의 분리 정제에 이용된다.

(예) Bromobenzene의 bp=157˚C 이지만, steam distillation에서는 이보다 낮은 95˚C에서 증류된다.[이 온도에서 물의 증기압은 640 mmHg이고, bromobenzene의 증기압은 120 mmHg이므로 이들의 합이 760 mmHg (대기압)이 되어 비교적 낮은 온도에서 증류됨.]

6-10 Flash point; 인화점

어떤 물질을 대기 속에서 가열하여 증발되어진 증기가 외부 불꽃에 의하여 인화되는 온도.

(예) 휘발유의 인화점은 약 -45˚C 이고,
윤활유의 인화점은 약 230˚C 이다.

6-11 Ignition temperature; 발화 온도

타기 쉬운 액체 증기와 공기의 혼합물이 외부 불꽃 없이 자연 발화되는 온도.

(예) Pentane과 공기의 혼합물은 약 300˚C에서 자연 발화된다.
이황화탄소(CS_2)인 경우는, 약 100˚C(발화 온도)이다.

6-12 Explosive limits; 폭발 한계

어떤 물질이 공기(또는 산소)와 혼합된 상태에서 불꽃에 노출되었을 때에 폭발을 일으키는 그 물질의 농도 범위.

(예) 펜탄이 공기속에 부피%로 약 1.5~7.5% 존재하면(폭발 한계) 이 혼합물은 불꽃에 의하여 폭발한다.
수소는 약 4~74% 범위 내에서 폭발한다.

6-13 Chromatography; 크로마토그래피

혼합물 내의 각 물질이 정지상(stationary phase)과 이동상(moving phase)으로 나누어져 성분별로 개개의 분배에 의존하는 분리법.

6-14 Column chromatography; 관 크로마토그래피

관속에 정지상이 채워지고 그 위에 분리하고자 하는 혼합물을 올려놓은 상태에서 용매를 통과시키면 정지상에 흡착되는 부분과 탈착된 용매상(이동상) 부분으로 나누어져 용매에 용해된 부분이 관을 흘러나오면서, 각 물질의 분배계수에 따라 분리된다.

6-15 Partition coefficient; 분배 계수

두개의 섞이지 않는 각각의 상(정지상과 이동상)에 개개의 순수한 물질이 흡착되어 나타난 양의 비.

6-16 Thin layer chromatography(TLC); 박막 크로마토그래피

실리카 겔이나 알루미나를 유리 판, 플라스틱 판, 또는 알루미늄 판에 균일하게 얇게 입힌 것으로, 밑부분에 아주 작은 양의 혼합물이 녹은 용액을 점적한 것을 판 바닥에 적당량의 용매속에 잠기도록 하여 밀폐시키면 용매가 판 위로 확산되면서 혼합물이 분리되는 흡착 크로마토그래피의 일종. 이때 각각의 순수한 물질들은 그들의 분배계수에 따라 이동한다. (6-17, 그림 참조)

6-17 R_f value; R_f 값

박막 크로마토그래피에서 분리된 순수한 물질들이 이동한 길이를 용매 선단(solvent front)까지 이동한 길이로 나눈 값.

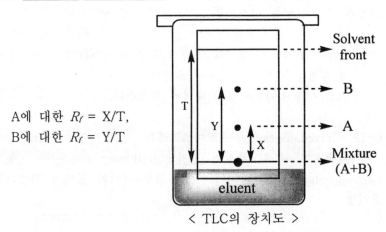

A에 대한 R_f = X/T,
B에 대한 R_f = Y/T

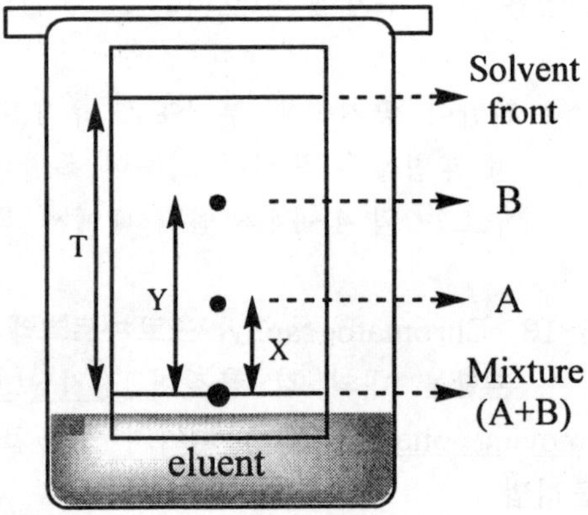

< TLC의 장치도 >

6-18 Gas-liquid partition chromatography(GLPC);
기체-액체 크로마토그래피

관의 충전제로서 끓는점이 높은 액체를 묻힌 다공질 고체를 사용한 크로마토그래피. 이 방법은 끓는점 300˚C 정도의 유기화합물에 적당하다.

6-19 Paper chromatography; 종이 크로마토그래피

거름 종이(filter paper)와 같은 종이를 고정상으로 하여, 한쪽 끝부분에 시료를 흡수시킨 후 적당한 용매를 이동시켜서 시료 성분들의 흡착성을 이용하여 물질을 분리하는 방법.

6-20 Electrophoresis; 전기 이동

콜로이드 용액에 전극을 담그고 전압을 걸어 주면 콜로이드 입자가 한쪽 극으로 이동하는 현상. paper chromatography와 연계해서 이 방법을 사용하는데 이온들이 종이위로 수직 이동하면서 종이 양쪽에 걸어준 전압의 영향으로 수평방향으로 퍼진다.
(양이온은 음극 쪽으로, 음이온은 양극 쪽으로 이동하면서 퍼짐.)
주로 큰 분자량을 가진 이온들을 분리하는데 이용된다.

6-21 Molecular sieve; **분자 체**

결정성 알루미노 규산염인 제올라이트(zeolite) 광물의 일종으로서, 구멍이 고른 다공성 고체로서 탈수된 것은 그물구조 모양으로 얽혀 있어서 표면적이 대단히 넓기 때문에 흡착력이 강하다.

* 실험실에서는 흡착제 또는 탈수제로 쓰인다.

6-22 Gel permeation chromatography; **겔 투과 크로마토그래피**

비교적 작은 분자는 겔 구멍 속에 잡아두고 큰 분자는 용매와 함께 빠져나가게 하여 분리시키는 크로마토그래피.

6-23 High performance(pressure) liquid chromatography;
고성능 액체 크로마토그래피 (HPLC)

작은 충전체(직경, 5~10μm)로 채워져 있는 5mm 직경의 관에서 화학적으로 결합된 정지상에 높은 압력(1,000~5,000psi)으로 작동되는 개선된 액체 크로마토그래피.
관의 길이는 보통 10~25cm이다.

6-24 Reversed-phase chromatography; **역상 크로마토그래피**

극성물질은 물론, 탄화수소들도 비극성 정지상과 극성 용리상 사이에서 분배되는 크로마토그래피. 가장 극성이 강한 물질은 가장 빠르게 용출된다. (이것은 일종의 HPLC의 변형된 방법으로 GLPC와는 반대로 진행됨.)
여기서 사용되는 주요 용리액(eluent)은 메탄올 수용액, 아세토니트릴 수용액 등이 많이 쓰인다.

6-25 Ion exchange chromatography; 이온교환 크로마토그래피

정지상 속에서 이온 상태로 된 시료의 이온 교환에 무기이온이나 아미노산들을 분리시키는 크로마토그래피. 작용기가 붙은 폴리 스티렌 수지(polystyrene resin)를 정지상으로 주로 사용한다.

6-26 Cation exchange resin; 양이온 교환 수지

Anion exchange resin; 음이온 교환 수지

용액 속에서 금속 양이온(M^{n+})에 의해 교환된 양성자(H^+)가 나타나는 수지. 이러한 교환 수지는 술포닐(sulfonyl)기 또는 카르복시(carboxy)기를 포함하고 있는 cross-linked polystyrene(다리걸친 폴리스티렌)들이 양이온 교환수지이고,

(예) $n[Ⓟ-SO_3H] + M^{n+} = [Ⓟ-SO_3H]_nM + nH^+$

$n[Ⓟ-COOH] + M^{n+} = [Ⓟ-COOH]_nM + nH^+$

음이온(A^{n-})에 의해 교환된 히드록시 음이온(OH^-)이 나타나는 수지를 음이온 교환수지라고 한다.

(예) $n[Ⓟ-NR_3(OH)] + A^{n-} = [Ⓟ-NR_3(OH)]_nA + nOH^-$

6-27 Semipermeable membrane; 반투막

용액이나 분산계 중의 일부 성분(용매)은 통과시키지만 다른 성분(용질)은 통과시키지 않는 막.

(예) 셀로판(cellophane; 투명지 일종), 콜로디온(collodion; 트리니트로셀룰로오스 또는 테트라니트로셀룰로오스의 알코올이나, 에테르 용액), 동물막, 등에 주로 분포되어 있다.

6-28 Osmosis; 삼투현상

물질이 반투막을 통과하여 확산하는 현상. 이때 반투막을 중심으로 묽은 용액의 용매가 진한 용액으로 확산된다.

6-29 Reverse osmosis; 역 삼투현상

외부에서 가해진 압력 때문에 정상적인 삼투현상과는 달리 용매를 반대방향으로 확산시키는 현상.

6-30 Polarizability; 편극도(분극성)

이웃 분자에 의하여 생긴 쌍극자 영향으로 전하를 띄지 않은 비하전 분자가 전기적 쌍극자로 유발되는 정도. 이때 분자의 편극도는 전자의 수가 증가할수록 증가하고, 전자가 핵으로부터 멀리 떨어질수록 증가한다.

6-31 Dielectric constant(ε); 유전상수

두개의 반대 전하가 서로 끌어당기는 힘에 영향을 미치는 용매의 상대적 효과. (용매가 채워졌을 때와 빈 상태일 때, 축전기의 전기 용량을 측정함으로서 비교 결정됨.)

(예) 높은 유전상수를 가진 물(ε=80)과 아세토니트릴(ε=39) 같은 용매들은 낮은 유전상수를 가진 아세톤(ε=21)과 벤젠(ε=2.3) 용매들 보다 이온들에 대한 친화력이 훨씬 좋다.

6-32 Chemisorption; 화학 흡착

<u>chem</u>ical ad<u>sorption</u>의 합성어로서 기체나 액체가 고체표면에 약한 화학결합을 일으킨 흡착.

* <u>물리적 흡착</u>(<u>physical adsorption</u>): 기체나 액체 분자와 고체 사이에 van der Waals 분자간 인력에 의해서 고체 표면에 달라붙는 현상. 흔히 <u>흡착</u>(<u>adsorption</u>)이라고도 한다.

6-33 Absorption; **흡수**

다른 두 상의 분자들이 서로 완전히 섞인 혼합 상태.

(예) 소금(고체상)이 물(액체상)에 완전히 녹아 소금물(용액)이 되는 혼합물 상태.

6-34 Interfacial tension; **계면장력**, (Surface tension; **표면장력**)

두 액체사이의 경계 면적을 수축 시켜 면적을 최소화 할려고 하는 힘.

6-35 Colloid; **콜로이드**

매우 작은 입자(10~10,000Å)들이 다른 상에 분산 되어있는 계로서 <u>에멀젼(emulsion)</u>, <u>에어로솔(aerosol)</u> 등이 있다.

* <u>에멀젼</u>: 우유, 마아가린 처럼 지방 고체상이 액체상에 분산된 콜로이드.

<u>에어로솔</u>: 도료, 살충제 등, 분무제에서 처럼 액체나 고체상이 기체상에 분산된 콜로이드.

6-36 Invert soap; **역성 비누(양성 비누)**

양이온 계면 활성제로서 표면 극성기가 (일반적인 비누는 극성기가 음이온) 양이온을 띈 화합물.

6-37 Nonionic surfactant; **비이온성 계면 활성제**

양 또는 음이온이 없는, 전하를 띄지 않은 계면 활성제.

(예) alkylphenol과 ethylene oxide의 첨가 중합에 의해서 고분자화된 <u>poly(ethylene oxide)</u>.

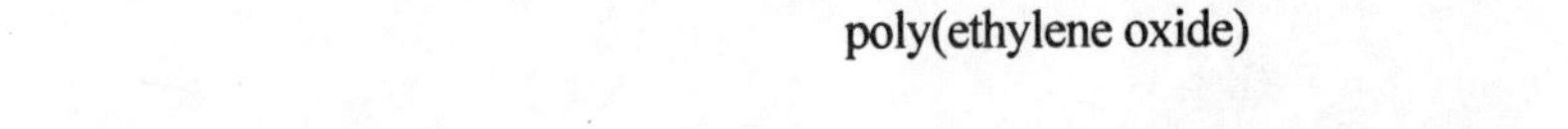

poly(ethylene oxide)

6-38 Micelle; **미셀**

에멀젼이 분산상을 이루고 있으며 규칙적 배열을 이루고 있는 안정한 분자 회합체. (비누가 물에 풀어져 에멀젼화 된 현상)

(예) $\underline{CH_3(CH_2)_7CH=CH(CH_2)_7}$-$\underline{COO^- \ ^+Na}$ (sodium oleate; 비누)
(친유성 부분), (친수성 부분)

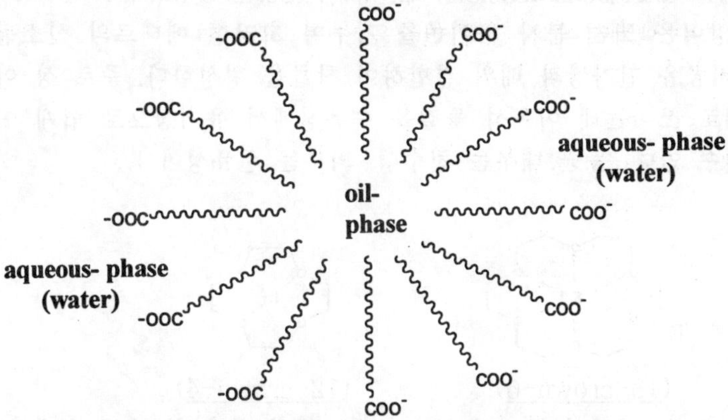

< A micelle (a soap emulsion) >

비누의 친유성 부분(lipophilic or hydrophobic part)은 기름상(oil-phase)에 잠기고 친수성 부분(hydrophilic or lipophobic part)은 물(aqueous-phase)에 잠겨져 에멀젼화된 상태에서 물에 분산된다. (세탁의 원리)

6-39 Surfactant(Surface active); **계면 활성제**

서로 섞이지 않는 두 액체 사이의 표면장력을 감소시키는 물질. 따라서 분산을 극대화 시킬려고 하는 물질이므로 emulsifier(유화제)라고도 한다.

* 양이온 계면 활성제(cationic surfactant): 극성기가 양이온인 계면 활성제. (예) $R-N^+(CH_3)_3 \ ^-Cl$의 4차 암모늄 염.

음이온 계면 활성제(anionic surfactant): 극성기가 음이온인 계면 활성제. (예) $R-C_6H_4-SO_3^- \ ^+Na$, 또는 $R-COO^- \ ^+Na$ 등.

6-40 Phase-transfer catalyst; 상 이동 촉매

유기물질과 물의 두 상에 잠기어 물에 잘 녹는 반응물이 두 상의 경계면을 거쳐 유기 상으로 이동하기 쉽게 해주어 균일반응이 일어날 수 있도록 해주는 물질. (반응속도를 증가시킨다.)

6-41 Crown ether; 크라운 에테르(왕관형 에테르)

고리형 polyether로서, 분자내의 동공속에 크기가 알맞은 금속 양이온 또는 분자 양이온을 가두어 고리형 에테르의 산소원자의 비공유 전자쌍과 배위 결합하여 착물을 형성한다. 주로 상 이동 촉매로 쓰이는데 이온성 물질을 수용상에서 유기상으로 쉽게 이동시킬수 있다. 동공 내부는 친수성, 외부는 친유성이다.

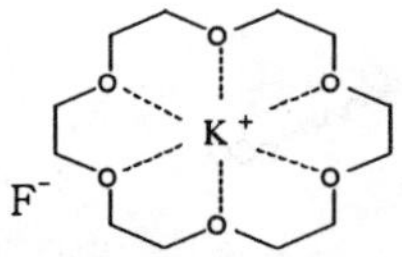
(18-crown-6)

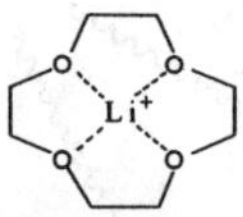
(12-crown-4)

(예) KF는 비극성 물질인 (18-crown-6를 함유한) 벤젠 용액에 녹음으로 유기 상에서 반응을 수행할 수 있다.

6-42 Liquid crystal; 액정

가열하면 일정 온도에서 융해하여 탁한 액체로 되고 이것을 더 가열하면 투명하게 되는 결정성 물질이 되는데 이때 중간단계의 흐린 액체를 말한다. 광학적으로 복굴절을 한다.

6-43 Mesophase; 준 결정상

결정성 고체와 액체 사이의 중간단계에서 액정 분자들이 생기는 안정한 상.

6-44 Anisotropic; 비등방성

물질의 결정체 축 방향에 따라 물리적 성질이 다르게 나타나는 성질.

6-45 Isotropic; **등방성**

결정체의 어떤 방향에서도 똑 같은 물리적 성질.

* 모든 액체는 등방성이다.

6-46 Thermotropic liquid crystal; **열변 액정**

열을 가함으로서 얻어지는 액정.

6-47 Lyotropic liquid crystal; **액변 액정**

물과 섞임으로서 얻어지는 액정. (생체 내에서 주로 발견)

* <u>lyophilic</u>; <u>친액성</u>, <u>lyophobic</u>; <u>소액성</u>.

6-48 Smectic state; **스멕틱 상태**

액정의 일종인 긴 분자가 이들의 장축을 모두 일정 방향으로 평행하게 늘어서서 결합하여 판상을 이루고, 그 판들이 몇 겹으로 포개어진 상태.

6-49 Nematic state; **네마틱 상태**

액정에서 긴 분자의 장축이 일정 방향으로 늘어서 있는 실 모양의 상태.

6-50 Adiabatic process; **단열 과정**

열의 이동이 없는 계에서 일어나는 과정.

6-51 Isothermal process; **등온 과정**

일정 온도에서 계가 유지되는 과정.

6-52 Exothermic reaction; **발열 반응**

Endothermic reaction; **흡열 반응**

표준반응 엔탈피(ΔH_r^0)가 음의 값을 가지면 발열 반응, 양의 값을 가지면 흡열 반응.

6-53 Homolytic cleavage; **균일 분해**

Heterolytic cleavage; **불균일 분해**

균일 분해: 공유 결합하고 있는 결합전자쌍이 분해될 때, 각 부분에 전자 한 개씩 나누어 해리되는 현상.

불균일 분해: 분해될 때, 한 부분에 전자쌍이 편중되고(음이온) 다른 부분은 전자가 없는(양이온) 상태로 해리되는 현상.

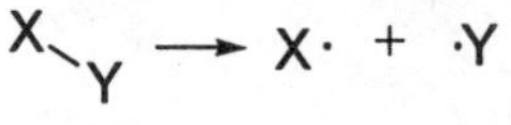

(균일 분해)

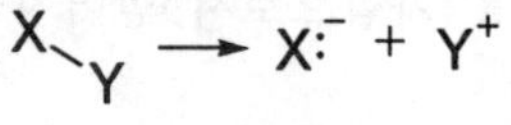

(불균일 분해)

6-54 Hydride affinity; **수소 음이온 친화도**

한 화합물이 수소 음이온과 반응할 때, 표현되는 (-)값의 표준반응 엔탈피($-\Delta H_r^0$).

$X^+ + H^- \longrightarrow XH$, 불균일 분해의 역반응에서,

hydride affinity(X^+의 $-\Delta H_r^0$)=$[\Delta H_f^0(X^+) + \Delta H_f^0(H^-)] - \Delta H_f^0(XH)$

Lewis acid의 기체상 산도를 측정하는 정량적인 수단이며, hydride affinity가 클수록 그 산의 세기는 더 강하다.

6-55 Proton affinity; **양성자 친화도**

한 화합물이 양성자(H+)와 반응할 때, 표현되는 (-)값의 표준반응 엔탈피($-\Delta H_r^0$). $Y + H^+ \longrightarrow {}^+YH$ 반응에서,

proton affinity(Y의 $-\Delta H_r^0$)=$[\Delta H_f^0(Y) + \Delta H_f^0(H^+)] - \Delta H_f^0({}^+YH)$

Lewis base의 기체상 염기도를 측정하는 정량적인 수단이며, proton affinity가 클수록 그 염기의 세기는 더 강하다.

6-56 Elementary reaction; **단일 단계반응**

연속적으로 일어나는 다단계 반응들 중에서 각각의 단위반응.

6-57 Molecularity; **분자도**

단일 단계반응에서 반응에 참여하는 분자의 수. (다단계 전체 반응에서는 사용되지 않음.)

(예) W + X ⟶ Y ⟶ Z

첫 단계반응의 분자도는 2(2분자)이고. 두 번째 단계반응의 분자도는 1(한 분자)이다.

6-58 Kinetic stability; **반응속도론적 안정도**

물질이 매우 안정하여 특정 반응을 수행하는데 저항하는 정도로서, 안정할수록 반응속도 상수는 매우 작다.

6-59 Thermodynamic stability; **열역학적 안정도**

어떤 물질의 표준생성 엔탈피(ΔH_f^0)나 그 계의 표준 자유에너지(ΔG^0)의 정도를 나타내는데, 이런 값이 작을수록(-값이 큼) 더 안정하다. 일반적으로 안정도라 하면 열역학적 안정도를 지칭한다.

6-60 Pseudo 1st-order kinetics; **유사 1차 반응속도론**

한 화합물이 용매 속에서 용매와 반응한다면 용매의 양은 거의 변화가 없다고 가정하므로 실제로 한 화합물의 양에만 의존하는 반응속도론. X + Y ⟶ Z 반응에서 Y가 용매라면, 반응속도(rate)=-d[X]/dt=-d[Y]/dt=k[X][Y]에서 [Y]는 일정하다고 간주하므로, rate=k'[X] (1차반응)인 경우를 말한다.

6-61 Diffusion controlled reaction; **확산지배 반응**

반응물들이 충돌하여 100% 효율성을 가진 반응이 일어나는 2분자 반응. 따라서 최대 반응속도 상수(k_d)값을 갖는다.

k_d=8RT/3000 η, R: 이상기체 상수, T: 절대온도,
η: 용매의 점성도 (poise; g/cm.sec)

6-62 Half-life($t_{1/2}$); **반감기**

최초 물질의 양(농도)이 반으로 줄어드는데 걸리는 시간.

6-63 Salt effect; **염 효과**

일반적으로 반응물이나 생성물에 공통으로 존재하는 이온이 없는 전해질(염)을 첨가함으로서 기인되는 반응속도의 변화를 일으

키는 효과.

* 소금이 수소이온 농도(pH) 지시약에 오차를 주는 현상이 한 예이다.

6-64 Steady state(Stationary state); **정상 상태**

반응 간 한 화합물의 농도가 변하지 않는 상태. 따라서 반응계에서 들어가는 물질의 양과 빠져나가는 양이 균형을 이루어 변화가 없는 경우를 지칭한다.

6-65 Pre-equilibrium; **사전 평형**

연속적인 다단계 반응 중에서 속도 결정단계(느린 단계) 이전에 평형이 이루어진 상태. (6-67, 참조)

6-66 General acid catalysis; **일반 산촉매 작용**
General base catalysis; **일반 염기촉매 작용**

수용액에서 산(또는 염기) 존재 하에서 반응속도를 증가시키는 작용. [사용되어진 산(또는 염기)는 전체 반응계에서 불변]
이 때, 산(염기)이 먼저 결합한 원자단이 반응속도를 증가시킨다.

$$Y + HA \underset{}{\overset{slow}{\rightleftharpoons}} YH^{+} + A^{-},\quad YH^{+} \xrightarrow{fast} products$$

만약 일정한 pH에서 산(또는 염기)의 농도가 증가함에 따라 반응속도가 증가하면 general acid(or base) catalysis 라고도 한다.

6-67 Specific acid(base) catalysis; **고유 산(염기)촉매작용**

산(또는 염기)이 결합한 원자단보다, 오히려 본래의 산(또는 염기)에 의해 반응속도를 증가시키는 작용. (사용되어진 고유의 산(또는 염기)은 전체 반응계에서 불변)

$$Y + HA \underset{}{\overset{fast}{\rightleftharpoons}} YH^{+} + A^{-},\quad YH^{+} \xrightarrow{slow} products$$

6-68 Kinetic isotope effect; **반응속도론적 동위원소 효과**

어떤 원자 대신에 그의 동위원소로 대체되었을 때, 일어나는 반응속도의 변화. 여기에는 네 가지 종류가 있다.

* 반응속도 상수비=k(가벼운 원소)/k(무거운 원소),

(1) Normal isotope effect (정상 동위원소 효과),
반응속도 상수비>1

(2) Inverse isotope effect (역 동위원소 효과),
반응속도 상수비<1

(3) Primary isotope effect (1차 동위원소 효과),
반응속도 결정단계에서 동위원소로 치환된 원자에 결합이 일어 나든지, 또는 결합이 파괴되는 결과를 나타내는 효과.

(4) Secondary isotope effect (2차 동위원소 효과),
반응속도 결정단계에서는 어떠한 동위원소 효과도 나타내지 않는 경우.

* 속도 결정단계(rate determining step): 다단계 반응들 중에서 가장 느린 속도를 나타내는 반응단계로서, 전체 반응속도를 지배한다.

6-69 Hammond postulate; 하몬드 가설

한 반응계 내에서 전이 상태의 기하학적 구조가 반응물, 또는 생성물의 구조와 근접한지를 예측하는 이론으로서 전이 상태의 에너지가 반응물의 에너지 상태와 가까이 있을 때(발열 반응), 그 구조는 반응물 구조에 근접해 있으며 흡열 반응이면 전이 상태의 구조는 생성물의 구조에 근접해 있다.

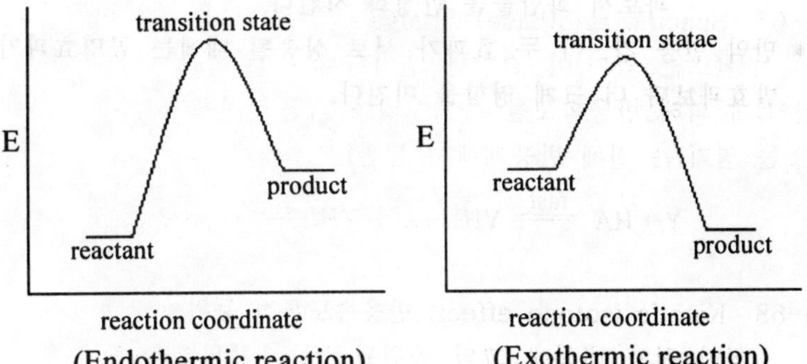

(Endothermic reaction) 흡열 반응 (Exothermic reaction) 발열 반응

* transition state(전이 상태): 화학반응에서 반응물에서 생성물로 옮겨가는 도중, 반응물과 생성물의 중간 상태의 활성화 착물이(activated complex) 생기는 에너지가 높은 불안정한 상태를 말한다.

6-70 Migratory aptitude; 이동 용이도

반응 간 한 원자(단)가 다른 원자(단)로 이동하는데 따른 상대적 반응속도를 나타내는 정도. 이것은 반응의 유형과 반응조건에 따라 달라진다.

6-71 Substituent effect; 치환체 효과

H 대신에 다른 원자(단)이 치환되었을 때, 반응속도 상수 또는 평형 상수에 영향을 미치는 효과. 여기에는 치환체의 크기에 좌우되는 steric effect(입체효과)와 반응 위치에서의 전자의 유용성에 따른 electronic effect(전자효과)에 기인한다.

* 전자효과에는 inductive effect(유발효과)와 resonance effect(공명효과)가 있다.

유발효과: 치환체의 전기음성도에 따른 전자 주기 또는 전자 받기 성질을 유도하는 효과로서 치환체와 반응 중심 간의 거리가 길수록 유발효과는 감소한다.

공명효과: 전자들이 π-계 전체에 서로 이동하여 비편재화 되는 효과로서 화합물을 안정화 시킨다.

* 만약 반응 간, 이 두 효과가 서로 상충될 때에는 공명효과가 유발효과보다 더 크게 영향을 미친다.

물고기는 머리부터 부패한다.

-마크 트웨인-

제 7 장
이온과 산-염기
(Ion and Acid-Base)

제 7 장
이온과 산-염기 (Ion and Acid-Base)

7-1 Radical (free radical); 라디칼 (자유 라디칼)

쌍을 짓지 않은 홀 전자를 가지고 있는 원자(단).

(예) $\cdot CH_3$, methyl radical

7-2 Divalent(Dicovalent) carbon; 2가 탄소

두개의 공유결합만을 가지고 있는 탄소. (하전된 것 또는 비하전된 것들이 있다.)

(예)

methylene,

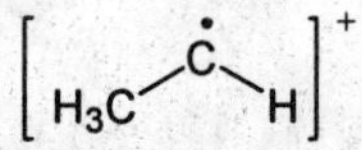

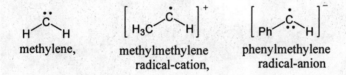

methylmethylene radical-cation,

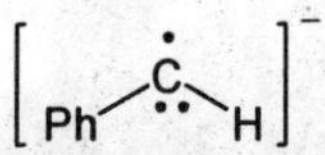

phenylmethylene radical-anion

7-3 Carbene; 카르벤

2가 탄소를 포함하고 있는 비하전된 화학종. 이때 탄소의 최외곽 전자는 6개 이므로 전자 결핍 탄소(8의 규칙에 미달)이다.

(예)

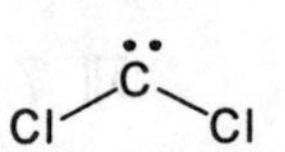

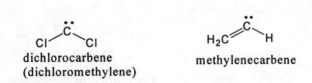

dichlorocarbene (dichloromethylene)

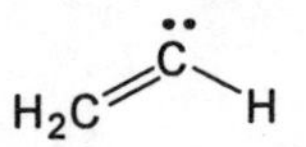

methylenecarbene

7-4 Electron spin multiplicity; 전자스핀 다중도

어떤 화학종이 자기장에 놓여졌을 때 관찰되어진 스핀방향의 수. 전자스핀 다중도는 홀 전자스핀 수(n)와 스핀양자수(s=+1/2, -1/2)에 의해서 결정되는데, $2|ns|+1$ 와 같다.

(예)

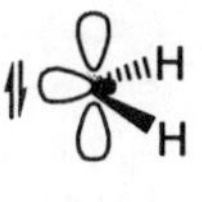

ns=0,   전자스핀 다중도=1 (singlet; 단일상태)

ns=+ 1/2, 전자스핀 다중도=2 (doublet; 2중상태)

ns=1,   전자스핀 다중도=3 (triplet; 3중상태)

7-5 Singlet carbene; **단일상태 카르벤** <7-4, 그림 참조>

전자스핀 다중도가 1인 카르벤. (전자스핀이 짝을 이룸)

7-6 Triplet carbene; **3중상태 카르벤** <7-4, 그림 참조>

전자스핀 다중도가 3인 카르벤. (두개의 홑 전자로 이루어짐)

* 홑 전자들의 궤도함수가 각각 분리되어 있고 H-C-H면에 직교 상태를 이루고 있다.

7-7 Carbenoid; **카르벤 류**

반응할 때, 실제로 (카르벤은 아니지만)카르벤의 특성을 지닌 것처럼 행동하는 화학종.

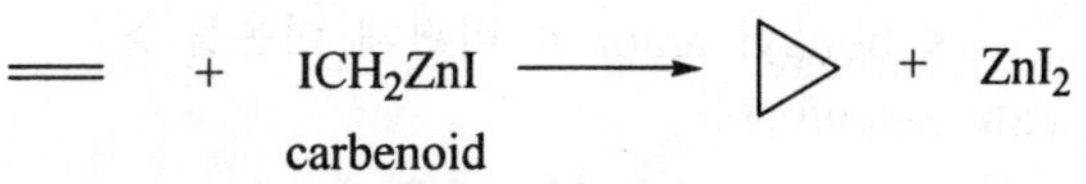

* <u>Octet rule(8의 규칙)</u>: 비활성기체의 앞, 뒤 3개의 원자들은 전자들을 얻거나, 잃어서 안정한 비활성기체와 같은 수의 전자들을 가질려고 하는 경향. (카르벤은 전자 결핍 화학종이다.)

7-8 α-Ketocarbene(Acylcarbene); **α-케토카르벤(아실카르벤)**

2가 탄소원자에 붙은 원자단이 acyl기인 카르벤.

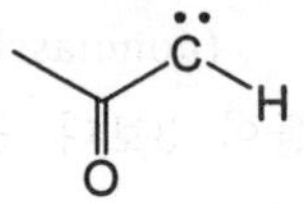
acetylcarbene

7-9 Nitrene; **니트렌**

1가 질소원자를 포함하고 있는 비하전된 화학종. 이때 질소는 원자가 전자가 6개이므로 전자 결핍 질소이다.

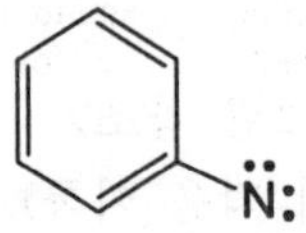
Phenylnitrene

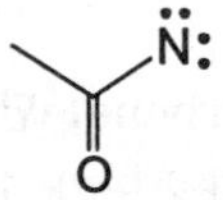
acetylnitrene

7-10 Localized ion; **편재 이온**

전하가 특정한 한 원자에만 국한된 이온.

7-11 Delocalized ion; **비편재 이온**

분자 내에서 둘이상의 원자들에 전하가 고르게 퍼져있는 이온.

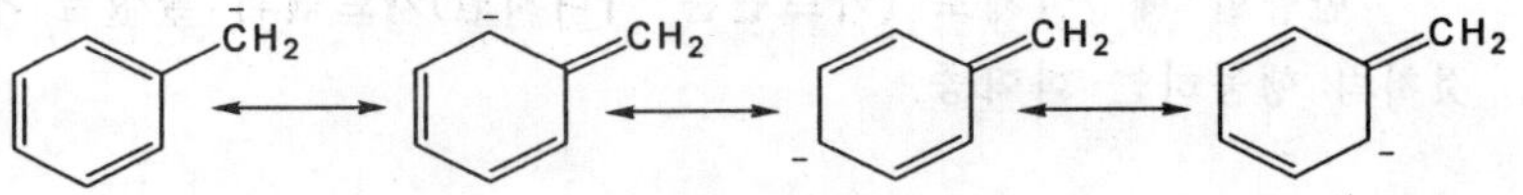
< benzyl anion의 비편재 이온들 >

7-12 Carbonium ion; **카르보늄 이온**

탄소의 배위수가 3보다 큰 탄소 양이온, 즉 <u>hypervalent(초원자가)</u> 탄소 양이온.

norbonyl cation

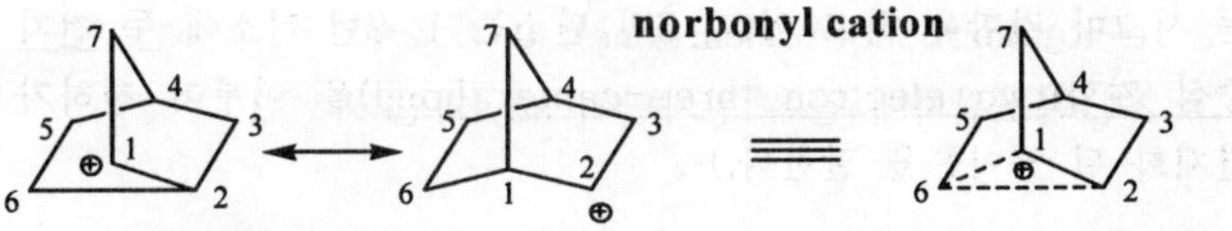

(classical cations) (nonclassical cation)

nonclassical cation에서 1, 2, 6번 탄소들이 3보다 큰 배위수를 갖고 있으므로 carbonium ion이라 한다.

* 초원자가 원자의 양이온에는 접미어로 ~onium ion이 붙는다.

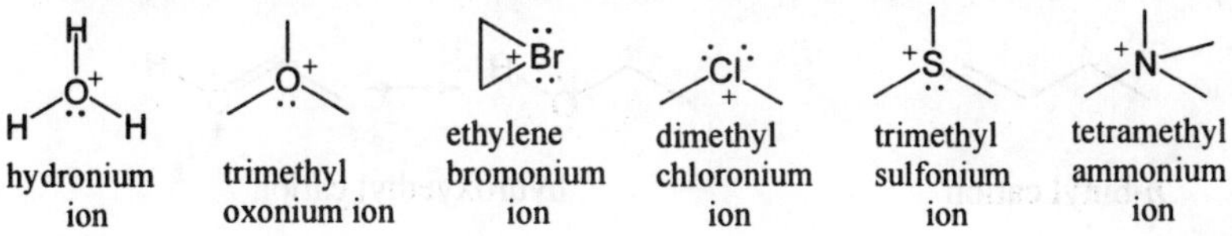

7-13 Carbenium ion; 카르베늄 이온

3 배위수를 가진 탄소 양이온. (7-12의 classical cations에서 1, 2번 탄소 양이온들) carbocation(탄소 양이온)과 동의어로 쓰임.

<가끔, carbonium ion 이나 carbenium ion들을 carbocation(탄소 양이온)으로 통칭하기도 한다.>

(예) $^{+}CH_2$-CH_3 : methylcarbenium ion 또는 ethyl cation

* 중성 원자의 배위수보다 하나 적은 배위수를 갖는 양이온은 접미어로 ~enium ion이 붙는다.

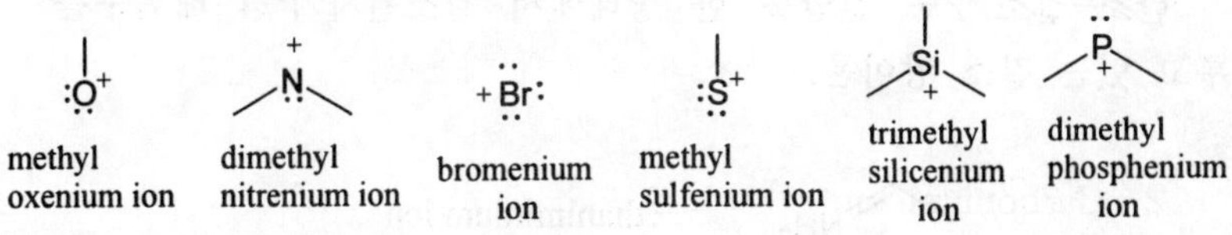

7-14 Nonclassical cation; 비고전 양이온

전하가 고리형 다중심 결합(cyclic multicenter bond)으로 분포 되어진 비편재 양이온. (7-12의 carbonium ion에서 1, 2번 탄

소는 시그마 결합을 하고 있고, 6번 탄소는 1, 2번 탄소에 두 전자 삼중심 결합(two electron three-center bond)을 이루어 전하가 비편재화 된 양이온을 말한다.)

7-15 Classical cation; 고전 양이온

분자 내의 어떤 한 원자에 전하가 편재된 양이온. (고리형 다중심 결합이 아닌 공명구조에서도 해당됨.)

(예)

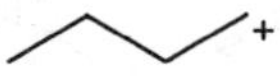

n-butyl cation

hydroxyethyl cation

7-16 Bridged cation; 다리걸친 양이온

반응 중간체 내에서 한 원자가 두 원자사이에 끼어 다리를 놓은 형태의 고리형 양이온.

(예)

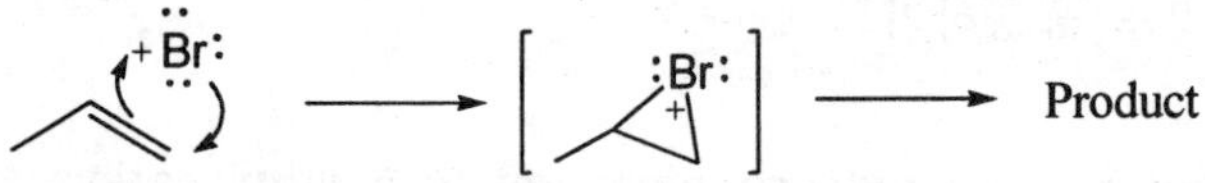

bromonium ion

7-17 Iminium ion; 이미늄 이온

탄소-질소 2중 결합을 한 상태에서 질소원자가 4 배위수를 이루고 있는 질소 양이온.

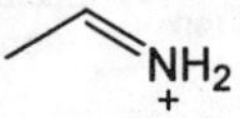

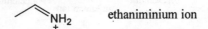

ethaniminium ion

7-18 Diazonium ion; 디아조늄 이온

질소-질소 3중 결합(공명구조상 2중 결합도 가능)을 하여 탄소원자에 결합한 4 배위수의 질소 양이온.

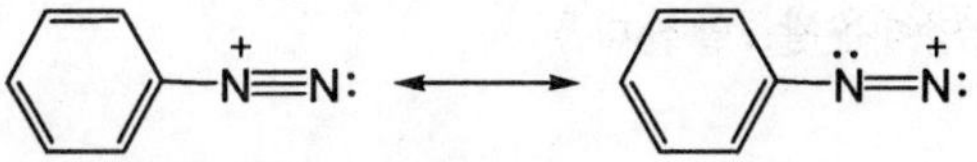

phenyldiazonium ion의 공명구조

7-19 Acylium ion; 아실리움 이온

acyl기 양이온.

acetyl cation

7-20 Carbanion; 탄소 음이온

isopropyl anion

allyl anion

7-21 Alkoxide; 알콕시 화합물

알킬기와 결합한 산소가 음으로 하전된 것으로, 주로 금속 양이온과 이온 결합한 산소 화합물의 총칭.

(예) $Na^{+}\,{}^{-}OCH_3$, $Al^{3+}\,[OCH(CH_3)_2]^{-}_{3}$

sodium methoxide, aluminum isopropoxide

7-22 Enolate anion; 엔올 음이온

enol 형 또는 이것의 ketone 형 화합물에서 양성자(H^+)가 제거된 비편재 음이온.

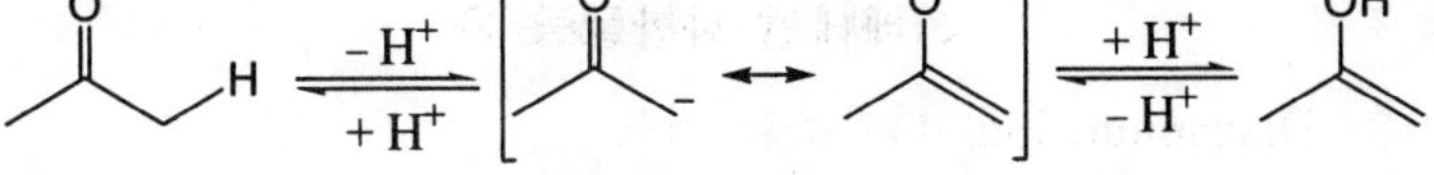

ketone-form enolate anion enol-form

7-23 Ion pair; **이온쌍**

양이온과 음이온이 가까이 접근해 있어서 마치 한 화합물처럼 행동하는 이온쌍.

* tight ion pair, intimate ion pair, contact ion pair라고도 한다.

7-24 Solvent separated ion pair; **용매분리 이온쌍**

양이온과 음이온이 용매에 의해 비교적 멀리 떨어져 있는 이온쌍. 이러한 이온쌍은 $R^{+} \| X^{-}$으로 표기한다.

* solvent loose ion pair(용매 약결합 이온쌍)이라고도 한다.

7-25 Counter ion; **반대 이온(상대 이온)**

계 내에서 한 이온과 전하의 균형을 이루고 있는 반대(상대) 이온. CH_3COO^{-} ^{+}Na에서 Na^{+}의 counter ion은 CH_3COO^{-}이다.

* Zwitterion(쯔비터 이온)은 본래 비 하전된 아미노산에서 H^{+}(양성자)의 이동에 의하여 생긴 양이온과 음이온을 말함.
(5-34, 참조)

7-26 Betaine; **베테인**

양이온과 음이온이 서로 이웃해 있지 않고 떨어져 각각 고립되어 있으며 양이온 원자에 수소가 붙어있지 않은 화합물.

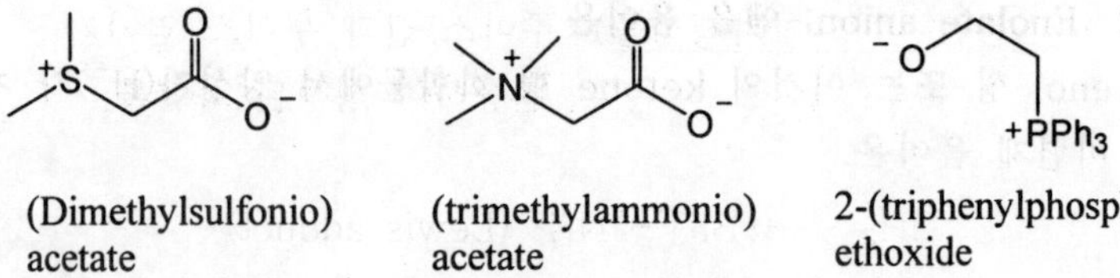

(Dimethylsulfonio) acetate　(trimethylammonio) acetate　2-(triphenylphosphonio) ethoxide

< 베테인 화합물들 >

7-27 Ylide; 일리드

탄소 음이온과 헤테로 원자 양이온이 서로 이웃한 화합물.

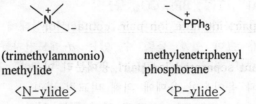

(trimethylammonio) methylide   methylenetriphenyl phosphorane

<N-ylide>   <P-ylide>

7-28 Benzyne; 벤자인

벤젠고리에서 두 탄소 사이에 3중 결합을 이루고 있는 반응성이 강한 반응 중간체.

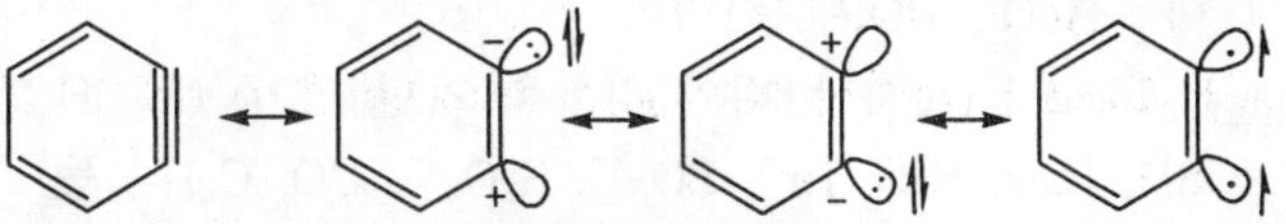

(benzyne)   singlet benzynes   triplet benzyne

7-29 Lewis acid-base; 루이스 산-염기

Lewis acid: 전자쌍을 받아들이는 화합물. (electron pair acceptor), BF_3, $AlCl_3$, H^+, $^+CH_3$, 등

Lewis base: 전자쌍을 제공하는 화합물. (electron pair donor) $:NH_3$, $^-CH_3$, ^-OH, $(CH_3)_2S:$, 등

*Lewis adduct(루이스 첨가생성물): 루이스 산과 루이스 염기가 반응하여 생성된 화합물.

$$BF_3 + :NH_3 \longrightarrow BF_3^- - ^+NH_3 \text{ (Lewis adduct)}$$

7-30 Hard acid, Soft acid; 굳은 산, 무른 산

Lewis산 중에서 acidity(산도)를 정성적으로 분류한 것으로서,

Hard acid: 편극도(polarizability)가 낮고 크기가 작으며 높은 산화상태에 있고 쉽게 들뜰 수 있는(excited) 바깥 궤도 전자를 가지고 있는 산. (H^+, Li^+, Na^+, Mg^{2+}, Ca^{2+}, Al^{3+}, Ti^{4+}, BF_3, CO_2, 등)

Soft acid: 편극도가 크고, 낮은 또는 0의 산화상태에 있고 크기가 크며 쉽게 들뜰 수 있는 *d*-궤도전자를 가진 산. (Cu^+, Au^+, Hg^+, BH_3, I_2, Br_2, Ti^{3+}, Pd^{2+}, Pt^{2+}, 등)

7-31 Hard base, Soft base; 굳은 염기, 무른 염기

Lewis염기 중에서 basicity(염기도)를 정성적으로 분류한 것으로서,

Hard base: 편극도가 낮고 전기음성도가 높으며 산화되기 어려운 염기. (H_2O, ^-OH, $^-OCH_3$, F^-, RNH_2, RO^-, ROH, AcO^-, ROR, 등)

Soft base: hard base와 반대의 경향을 지닌 염기. (R^-, H^-, C_6H_6, ^-SH, ^-CN, SR_2, Br^-, SO_3^{2-}, $S_2O_3^{2-}$, CO, C_2H_4, 등)

* Hard acid는 hard base와 잘 결합하고, soft acid는 soft base와 잘 결합한다.

7-32 Super acid; 초 강산

H^+를 공여하는 능력이 100% H_2SO_4(황산)보다 세기가 큰 산. H_2SO_4은 $HCl(H^+)$을 가함으로서 $H_3SO_4^+$와 같은 꼴이 되어 산도를 증가시킬 수 있으나, HSO_3F와 같은 초강산은 H^+를 가해도 $H_2SO_3F^+$로 되지 않는다. (산도를 더 이상 증가시키지 못함. 왜냐하면 H^+의 공여도가 가장 크기 때문에 더 이상 다른 산으로부터 H^+를 받을 수 없다.) 따라서 초강산은 물과 반응하면 파괴되기 때문에 다른 산과 같은 H_3O^+의 농도를 가지므로 그 세기를 측정할 수 없다. (7-33, leveling effect 참조)
일반적으로 초강산은 HSO_3F와 루이스 산인 SO_3나 SbF_5의 혼합물로 존재한다.

* HSO_3F와 SbF_5의 1:1 혼합물을 magic acid(요술 산)이라 한다.

7-33 Leveling effect; 평준화 효과

H_3O^+보다 강한 산은 수용액에서 물 분자(H_2O)에 H^+를 제공하여 H_3O^+를 생성하므로 수용액에서 존재할 수 있는 강한 산은 H_3O^+ 뿐이므로 여러 강산들은 수용액에서 평준화되는 효과.

* 물은 ^-OH보다 더 센 염기에서도 평준화 효과를 나타낸다.

7-34 Protic solvent; 양성자성 용매

특정 반응조건하에서 양성자(H^+)를 제공할 수 있는 용매.

(예) CH_3COOH, C_2H_5OH, 등

7-35 Aprotic solvent; 비양성자성 용매

특정 반응조건하에서 양성자(H^+)를 제공할 수 없는 용매.

(예) CH_3CN, CCl_4, C_6H_6, $C_2H_5OC_2H_5$, $CH_3CH_2CH_2CH_2CH_2CH_3$,
그 외, acetone, dimethylsulfoxide(DMSO), 등.

7-36 Autoprotolysis; 자체 양성자 이전 반응

어떤 용매에서 한 분자의 양성자가 같은 용매의 다른 분자로 이동하는 반응으로 이런 용매는 필연적으로 양성자를 생성할 수도 있고, 받을 수도 있다.

(예) $C_2H_5OH + C_2H_5OH \rightleftarrows C_2H_5OH_2^+ + C_2H_5O^-$

솔개는 최고 70년의 수명을 누릴 수 있는 새이다.
그러나 약 40년이 되면 발톱이 노화하여 생을
이대로 마감할지 기로에 서게 되는데, 이때 산
정상으로 가서 부리와 발톱을 모두 뽑아낸다.
그런 피나는 고통의 수행 후, 새로 돋아나는
부리와 발톱으로 30년 수명을 더 누리게 된다.

-정광호의 <우화경영>에서-

안 되는 것이 실패가 아니라,
포기하는 것이 실패다.

-이대희의 <1%의 가능성을 희망과 바꾼 사람들>중에서-

제 8 장
유기 반응 메카니즘
(Organic Reaction Mechanism)

제 8 장
유기 반응 메카니즘
(Organic Reaction Mechanism)

8-1 Reaction mechanism; 반응 메카니즘

반응 간에 일어나는 분자들의 성분, 구조 등에 관련된 모든 중간체와 전이 상태를 포함하는 반응의 완전하고도 세세한 기술.

* 반응의 흐름을 기술할 때,
  (←) 표시는 전자 두개의 이동을 나타내고, (↼) 표시는 전자 한 개의 이동을 나타낸다.

8-2 Nucleophile; 친핵체

원자(단)가 가지고 있는 전자쌍을 제공할 수 있는 능력을 갖춘 물질(<u>Lewis base</u>)로서, 전자 밀도가 낮은 양성 중심(핵)을 공격한다.
이러한 친핵체의 상대적 반응성을 <u>친핵성도(nucleophilicity)</u>라 하며,

<전형적인 친핵성도의 세기 순서>
$R^- > RS^- > R_3P > I^- > {}^-CN > {}^-OR > SR_2 > NR_3 > Br^- > {}^-OPh > Cl^- > RCOO^- > F^- >$
$ROH > H_2O$.

* 전자쌍을 제공할 수 있는 물질이라도 탄소 양이온($^+CR_3$)을 공격할 때에는(attack) 친핵체라고 하지 (루이스)염기라고 하지 않음.

8-3 Leaving group; 이탈기

치환, 또는 제거반응으로 떨어져 나간 원자단(기)으로서 하전된 것과 비 하전된 것이 있다. 일반적으로 무겁거나, 안정한 구조를 가진 화학종일수록 좋은 이탈기이다.

* 친핵성 치환반응(nucleophilic substitution reaction)에서의 이탈기를 핵 배척 이탈기(nucleofugal)라고도 한다.

8-4 Electrophile; 친전자체

전자쌍을 받는 물질(Lewis acid)로서, 친핵체로 부터 쉽게 공격을 받는다. 이러한 친전자체의 상대적 반응성을 electrophilicity(친전자성도)라고 하며 루이스 산도가 증가할수록, 용매화가 감소할수록 친전자성도는 증가한다. (예) H^+, BF_3, $AlCl_3$, Ag^+, CH_3^+, 등.

* 친전자성 치환반응(electrophilic substitution reaction)에서 전자쌍을 포함하지 않은 채로 떨어져 나가는 이탈기를 전자 배척 이탈기 (electrofugal)라고도 한다. 넓은 의미에서 nucleofugal 이나, electrofugal은 모두 leaving group(이탈기)이라 한다.

8-5 Reagent; 시약, Substrate; 기질

반응에서 공격하는 물질을 시약이라 하고, 시약으로 부터 공격을 받는 물질을 기질이라고 한다.

8-6 Concerted reaction; 협동 반응

한 반응 단계에서 결합 형성과 결합 절단이 동시에 일어나는 반응. S_N2 반응, pericyclic reaction(고리형 협동반응) 등에서 흔히 볼수 있다.

8-7 S_N2 reaction; S_N2 반응, (2분자 친핵성 치환반응)

[S_N2: Substitution Nucleophilic Bimolecular의 약어]

친핵체가 중성 친전자체를 공격하여 떨어져 나가는 이탈기가 동시에 일어나는 2분자성 치환반응. 따라서 반응속도는 두 반응 물질의

농도에 의존한다.
이 반응은 steric effect에 매우 민감하므로 substrate의 크기에 의존한다.

* 반응성의 순서는 다음과 같다.
  methyl>1차 탄소 화합물>2차 탄소 화합물>>3차 탄소 화합물.

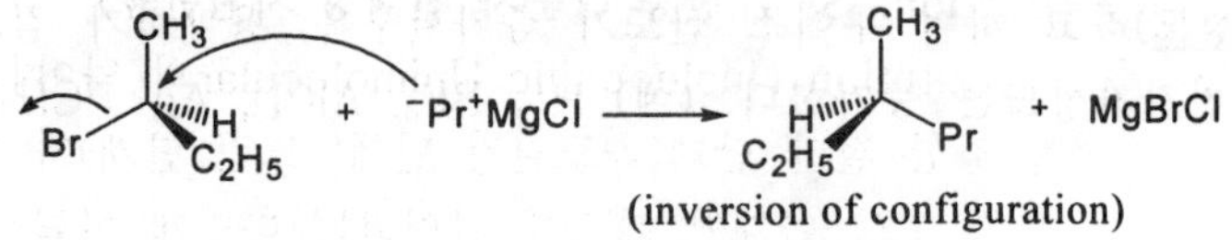

< Grignard reaction의 S_N 2 반응 형태 >

* Grignard reagent (PrMgCl)는 무수 에테르 용매 속에서 Pr-Cl에 Mg 금속을 첨가하여 만들 수 있다.

8-8 Ambident compound; 여러자리 성 화합물

2개 이상의 공격할 위치를 가진 시약(reagent)이나, 2개 이상의 공격받을 자리를 가진 기질(substrate)을 지칭하는 화합물.

* ambident nucleophile, 또는 ambident electrophile.

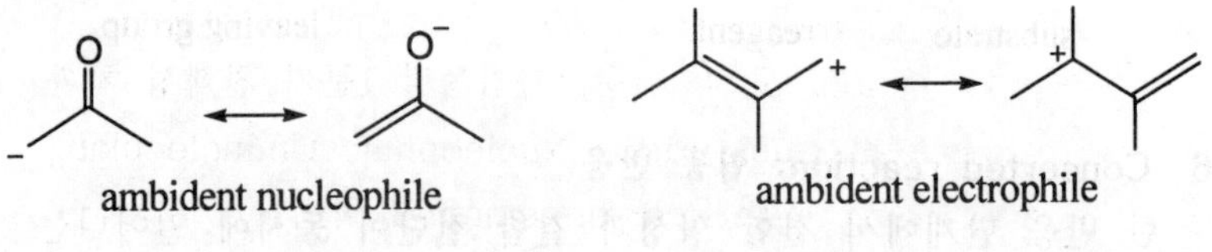

8-9 S_N 2' reaction; S_N 2' 반응(자리옮김 2분자 친핵성 치환반응)

[S_N 2': Substitution Nucleophilic Bimolecular with Rearrangement의 약어]

공격해 들어가는 위치에 이탈기가 있지 않고, 공격받은 위치에서 자리옮김에 의해 다른 위치에 있는 이탈기가 떨어져 나가는 2분자 친핵성 치환반응. 이 반응은 반응속도론적으로 S_N 2 반응과 차이가 없지만 공격기와 이탈기가 *cis* -위치에서 일어나는 것이 특징.

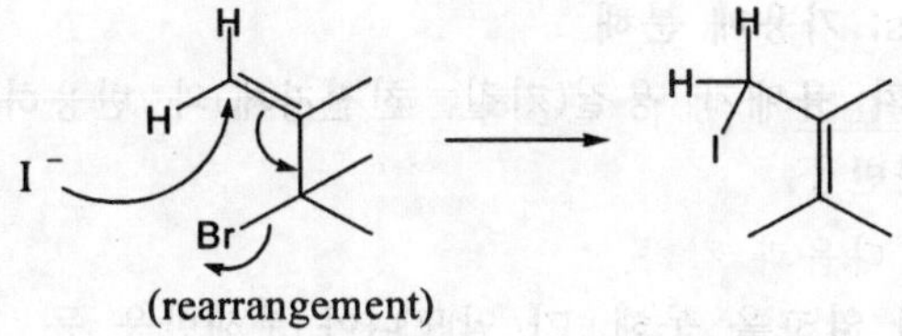

8-10 S_N1 reaction; S_N1 반응 (1분자 친핵성 치환반응)

[S_N1: Substitution Nucleophilic Unimolecular의 약어]

한 분자 내에서 결합 절단 단계(속도결정 단계; 느린 단계)가 먼저 일어난 다음, 결합 형성 단계가 빠르게 진행되는 다단계 친핵성 치환반응. 따라서 이 반응은 substrate의 1차 반응이다.

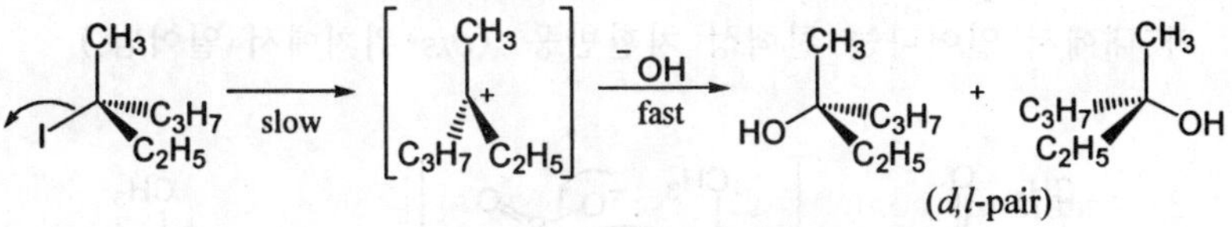

생성물은 항상 *d,l*-pair로서 racemic mixture를 이룬다.
(배열의 보존과 반전이 50:50 존재한다.)

* 중간체인 탄소 양이온의 안정도가 높을수록 S_N1 반응이 유리하다. 탄소 양이온의 안정도 순서는:
  allylic(benzylic)-, 3차->>2차->1차-탄소양이온>methyl 양이온

8-11 S_N1' reaction; S_N1' 반응 (자리옮김 1분자 친핵성 치환반응) [S_N1': Substitution Nucleophilic Unimolecular with Rearrangement의 약어]

이탈기가 떨어져 나간 양이온 위치가 아닌, 다른 위치로 자리옮김한 양이온 위치에서 친핵체가 공격하는(달라붙는) 1분자 친핵성 치환반응으로 반응속도론적, 입체화학적 측면에서 S_N1 반응과 유사.

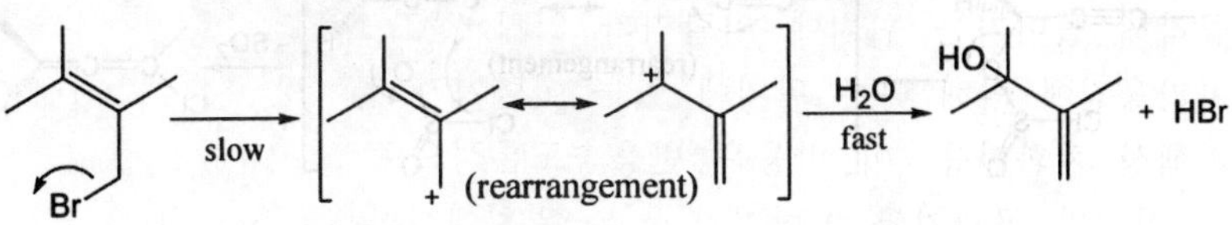

8-12 Solvolysis; 가용매 분해

친핵체로서의 용매가 용질(기질: 친전자체)과 반응하여 일어나는 친핵성 치환반응.

(예) 가수분해, 가 알코올 분해, 가 암모니아 분해반응 등.

* 이러한 반응은 S_N 2 반응처럼 일어나지만 용매의 변화는 용질에 비해 거의 변화가 없다고 간주하므로 용매는 반응차수와 무관.

8-13 S_N i reaction; S_N i 반응 (분자내 친핵성 치환반응)

[S_N i: Substitution Nucleophilic Internal의 약어]

화합물 내에 공격하는 친핵체가 이탈기내에 들어 있으므로 한 분자 내에서 일어나는 친핵성 치환반응. (*cis*-위치에서 일어남.)

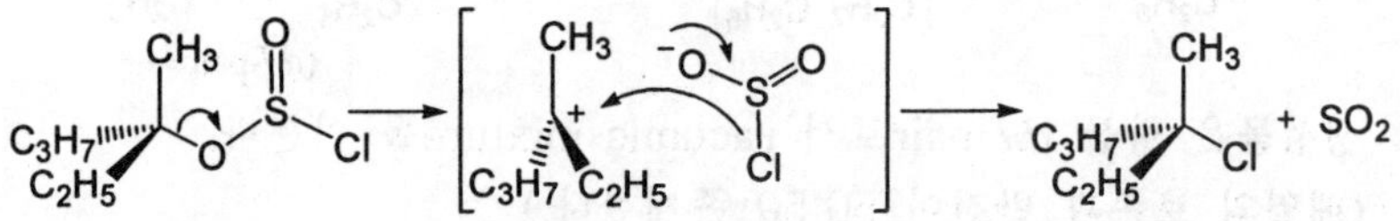

<배열의 보존>

* S_N 1 반응과 유사하지만 배열이 그대로 보존되는 것이 다르다.

8-14 S_N i' reaction; S_N i' 반응 (분자내 자리옮김 친핵성 치환반응) [S_N i': Substitution Nucleophilic Internal with Rearrangement의 약어]

S_N i 반응 메카니즘과 유사하지만, 중간체에서 자리옮김한 다른 위치의 탄소 양이온에 친핵체가 붙는다. (*cis*-위치에서 일어남.)

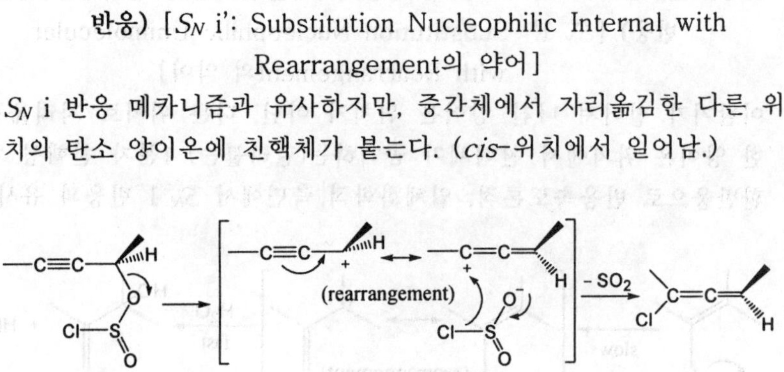

8-15 Neighboring group participation; 인접기 참여

외부로부터 친핵체의 공격을 받기 전에, 한 분자 내에서 이탈기의 인접 작용기가 먼저 분자 내 공격이 일어난 다음, 외부로부터 친핵체 공격이 일어나는 현상. 이 때, 인접기의 비공유 전자쌍 또는 인접한 π-전자, σ-전자들이 반응에 참여한다.

(예)

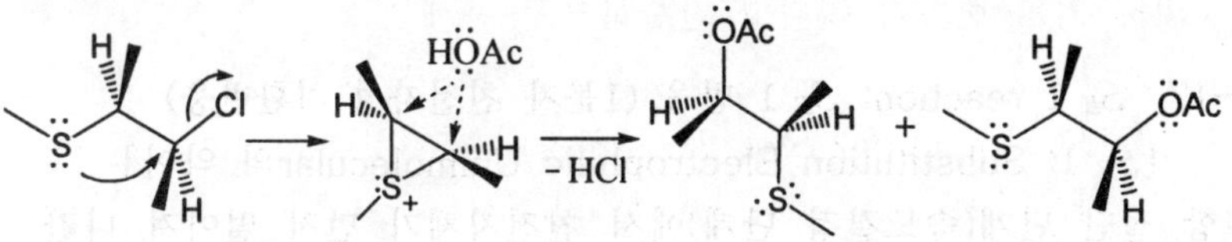

<인접기의 비공유 전자쌍이 공격>

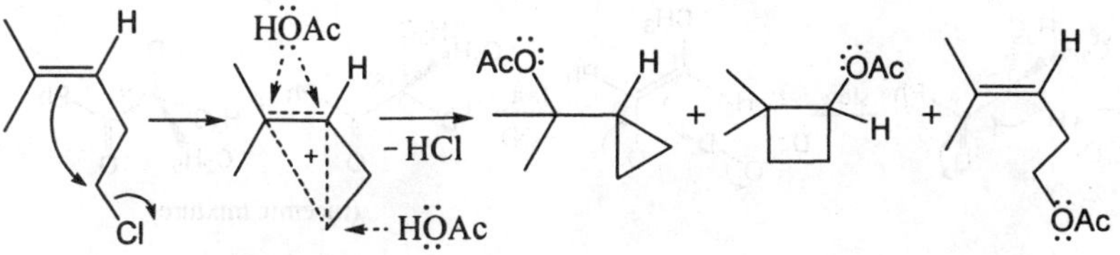

<인접한 π-전자쌍이 공격>

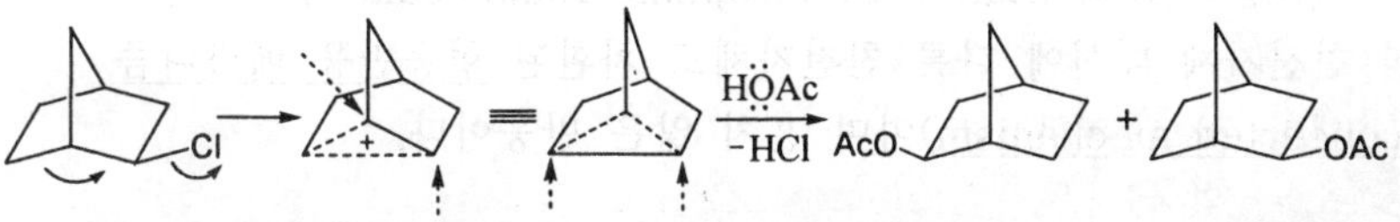

<인접한 σ-전자쌍이 공격>

8-16 Anchimeric assistance; 분자내 이웃 도움

인접기 참여가 반응속도 결정단계(느린 단계)에서 이루어질 때를 지칭함. 인접기 참여가 반응속도를 증가시킨다.

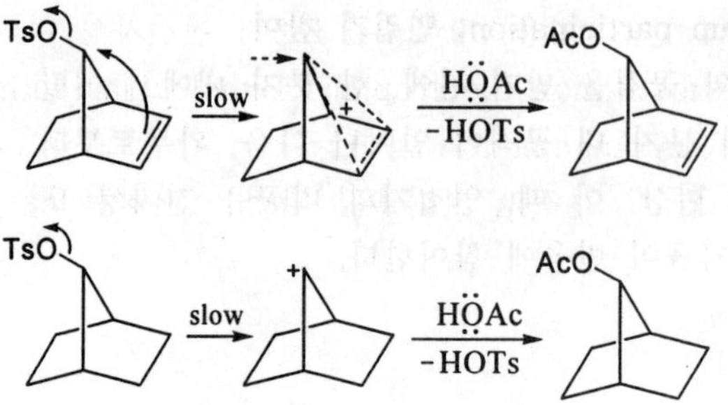

relative reaction rate

10^{12}

10^{1}

8-17 S_E 1 reaction; S_E 1 반응 (1분자 친전자성 치환반응)

[S_E 1: Substitution Electrophilic Unimolecular의 약어]

결합 절단 단계(속도결정 단계)에서 친전자체가 먼저 떨어져 나간 다음에 다른 친전자체가 빠르게 결합 형성하는 반응.(S_N 1과 유사)

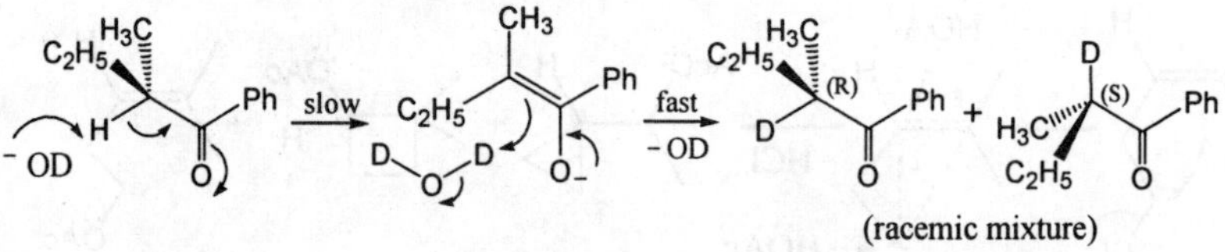

8-18 S_E 2 reaction; S_E 2 반응 (2분자 친전자성 치환반응)

[S_E 2: Substitution Electrophilic Bimolecular의 약어]

한 친전자체 대신에 다른 친전자체로 치환된 협동반응 메카니즘 (concerted mechanism)이며 흔치 않은 반응이다.

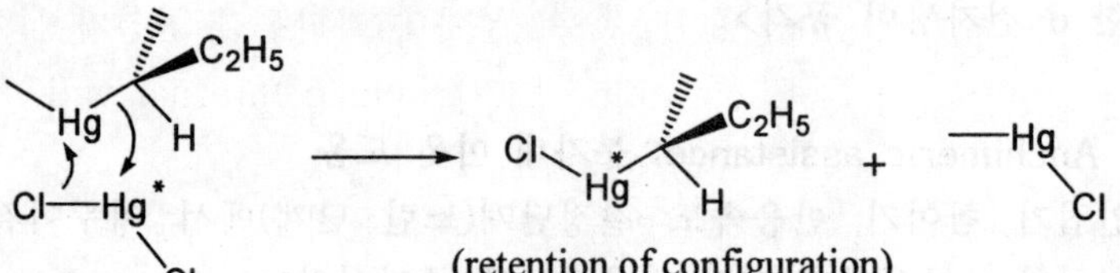

(retention of configuration)

* S_N 2 반응과 유사하지만, 친전자체 이탈과 다른 친전자체의 삽입이 같은 쪽에서 동시에 일어나므로 배열이 보존된다.

8-19 S_E 2' reaction; S_E 2' 반응 (자리옮김 2분자 친전자성 치환 반응) [S_E 2': Substitution Electrophilic Bimolecular with Rearrangement의 약어]

S_E 2 반응 메카니즘과 같지만 자리옮김 과정을 거쳐서 생성물이 형성된다.

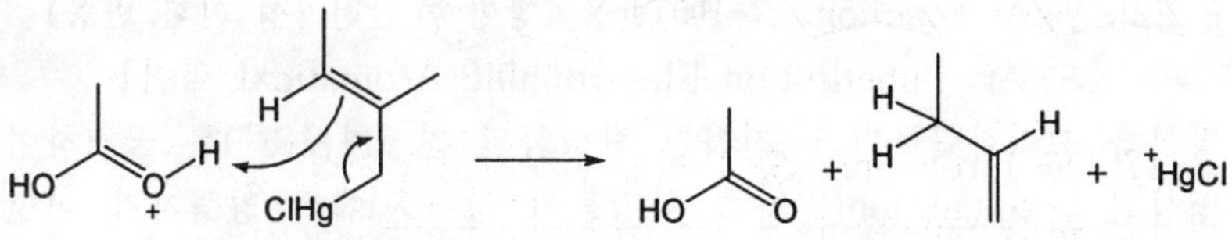

(with rearrangement)

8-20 S_E i reaction; S_E i 반응 (분자내 친전자성 치환 반응)
[S_E i: Substitution Electrophilic Internal의 약어]

분자내 4개 중심 친전자체 협동 교환반응. 반응속도론과 입체화학적으로 S_E 2와 같으나 들어가는 친전자체에 붙어있는 친핵체가 고리형 전이상태에서 <u>전자 배척 이탈기(electrofugal)</u>와 결합한다.

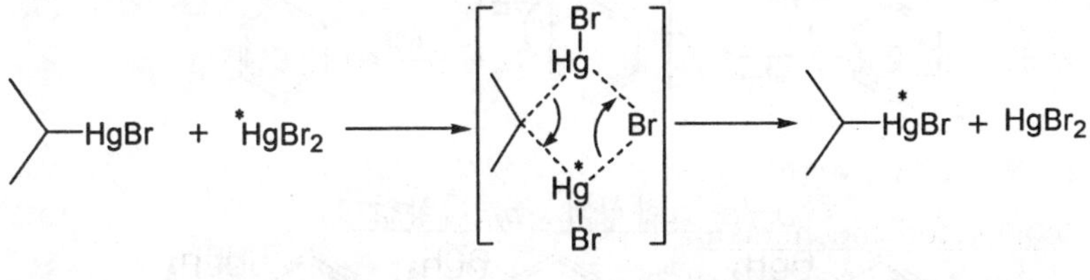

8-21 S_E i' reaction; S_E i' 반응 (분자내 자리옮김 친전자성 치환 반응) [S_E i': Substitution Electrophilic Internal with Rearrangement의 약어]

분자내 협동 친전자체 교환반응. 반응속도론적으로 S_E i와 동일하지만 다중심 전이상태와 자리옮김 생성물의 형성이 일어난다.

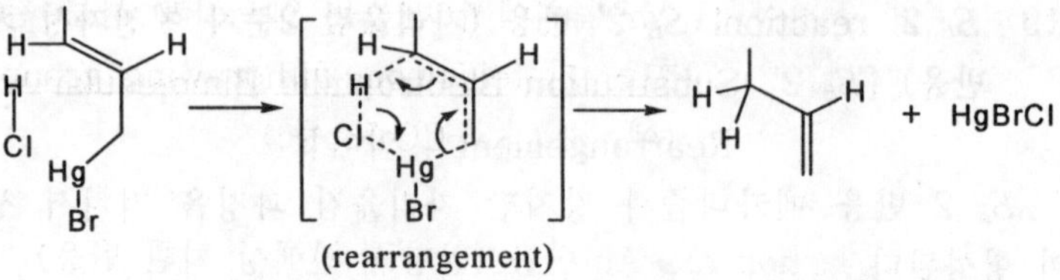

8-22 S_E Ar reaction; S_E Ar 반응 (방향족 친전자성 치환 반응)

[S_E Ar: Substitution Electrophilic Aromatic의 약어]

방향족 고리화합물의 π-전자가 활성화된 친전자체(E^+)를 공격하여 생성된 arenium ion(방향족 화합물의 양이온)에서 양성자가 이탈되는 치환반응.

* 벤젠 고리에 전자 주기 치환체가 붙어 있으면 *o*-/*p*-위치에서 반응이 일어나고, 전자 끌기 치환체가 붙어 있으면 *m*-위치에서 반응이 일어난다. *o*-/*p*-지향성이 *m*-지향성보다 반응성이 크다.

<일반적인 S_E Ar 반응 메카니즘>

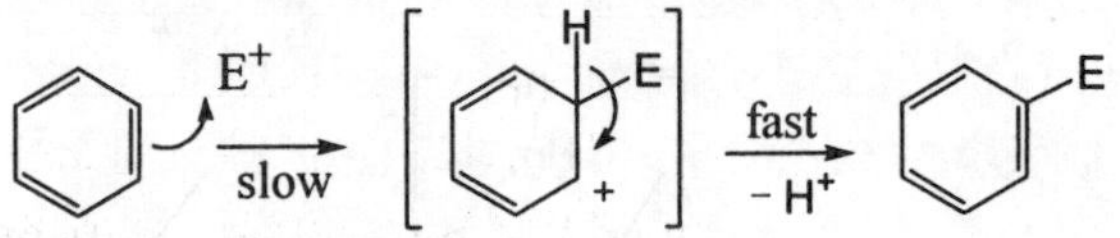

< *o*-/*p*-지향성과 *m*-지향성 >

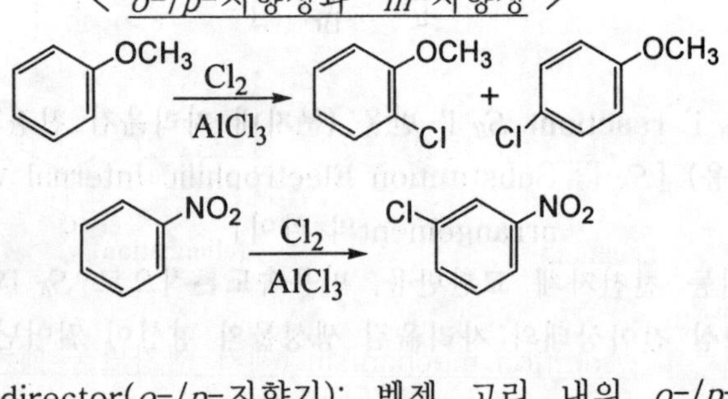

* *o*-/*p*-director(*o*-/*p*-지향기): 벤젠 고리 내의 *o*-/*p*-위치에서 반응을 일으키게 해주는 전자 주는 기 (electron-donating group). (예, -OR, $-NR_2$, -R, -X 등.)

* m-director(m-지향기): m-위치에서 반응을 일으키게 하는 전자 끄는 기 (electron-withdrawing group).
(예, $-NO_2$, $-CO_2R$, 등.)

8-23 S_N Ar reaction; S_N Ar 반응 (방향족 친핵성 치환 반응)

[S_N Ar: Substitution Nucleophilic Aromatic의 약어]

벤젠 고리내에 전기양성인 원자단이 존재하는 경우에, 친핵체가 방향족 고리를 공격하여 치환되는 반응.

* 세가지 유형의 반응 메카니즘들이 있다.

(1) Diazonium ion mechanism (디아조늄 이온 메카니즘):

S_N1 반응과 유사하다.

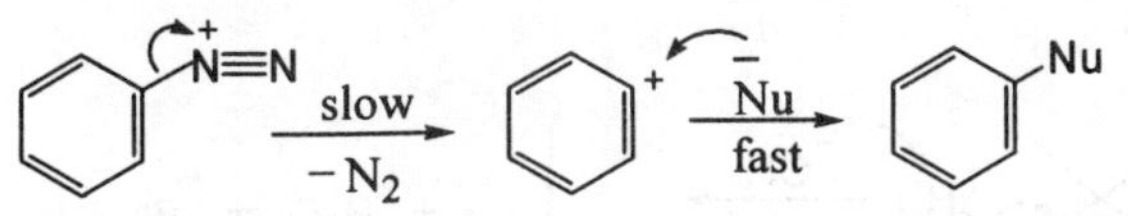

(diazonium ion)

(2) Addition-Elimination mechanism (첨가-제거반응 메카니즘):

할로벤젠의 o-/p-위치에 전자 끄는 기(electron withdrawing group)가 치환된 경우, 친핵체가 할로겐이 붙은 탄소를 공격하여 첨가반응이 먼저 일어난 후(방향족성 상실), 다시 방향족성 (rearomatization)을 띄면서 할로겐이 제거되는 메카니즘.

할로겐의 이탈기 순서: F>Cl>Br>I (전기음성도 순서).

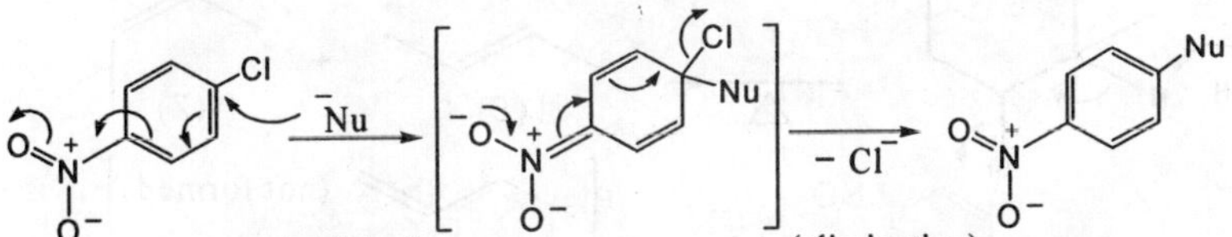

(addition) (elimination)

(3) Elimination-Addition mechanism (제거-첨가반응 메카니즘)

할로벤젠이 매우 강한 염기($^-NH_2$, 등)와 반응할 때, 할로겐이 붙은 탄소의 인접 수소를 이 염기가 abstract(떼어내기)하여 HX (X=할로겐)가 제거되면서(*E2* 제거반응) 형성된 불안정한 벤자인(benzyne) 중간체를 친핵체가 공격하여(첨가반응) 안정한 벤젠고리로 복귀하는 메카니즘. (Benzyne mechanism이라고도 한다.)

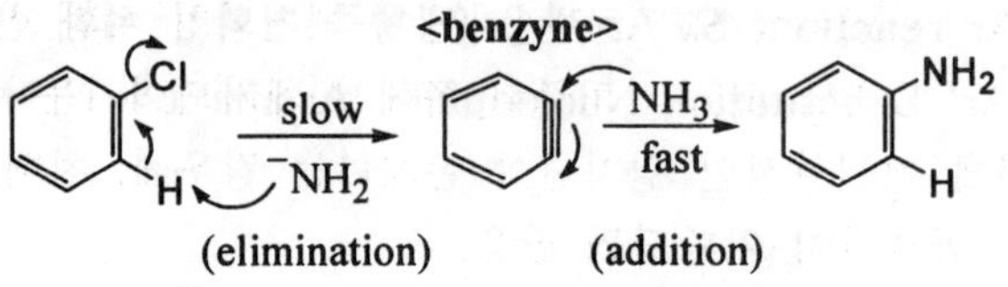

8-24 β-(1,2-)Elimination; β-(1,2-)제거반응

서로 이웃해 있는 원자들에 각각 붙어있는 두개의 이탈기가 제거되는 반응. 이러한 제거반응으로 새로운 π-결합이 생긴다.

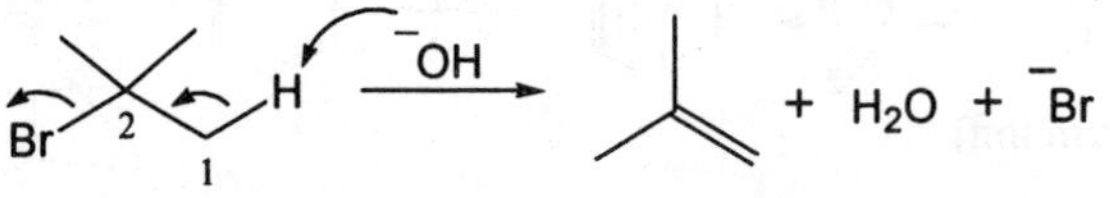

8-25 Saytzeff(Zaitsev) elimination: 사이체프 제거반응

한 화합물에서 π-결합(2중 결합) 주위에 치환체 수가 많은 쪽으로 주로 일어나는 제거반응.

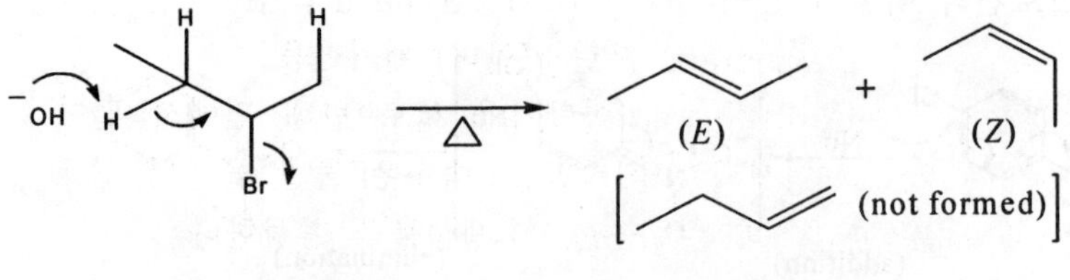

* 치환체가 많이 붙은 2중 결합 화합물이 열역학적으로 더 안정함.

8-26 Hofmann elimination; 호프만 제거반응

생성되는 π-결합(2중 결합) 주위에 치환체 수가 적은 쪽으로 주로 일어나는 제거반응.

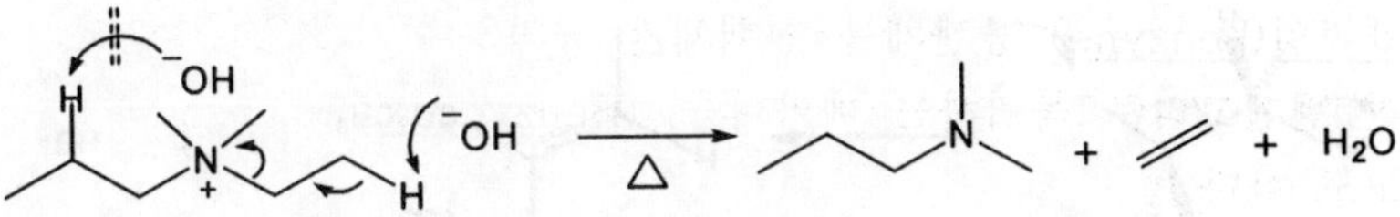

4차 암모늄염처럼 입체장애가 큰 원자단이 제거되기 위해선, 염기($^{-}$OH)가 수소를 떼어낼 때, 덜 치환된 쪽에서 제거되어지는 반응.

8-27 Bredt's rule; 브레드 규칙

bicyclic 화합물에서 β-(1,2-)elimination이 일어날 때, 다리목 원자(bridgehead atom)들이 포함된 곳에서 2중 결합이 형성되기 위한 조건은 고리를 이루고 있는 원자들이 적어도 8개 이상일 때 가능한 규칙.

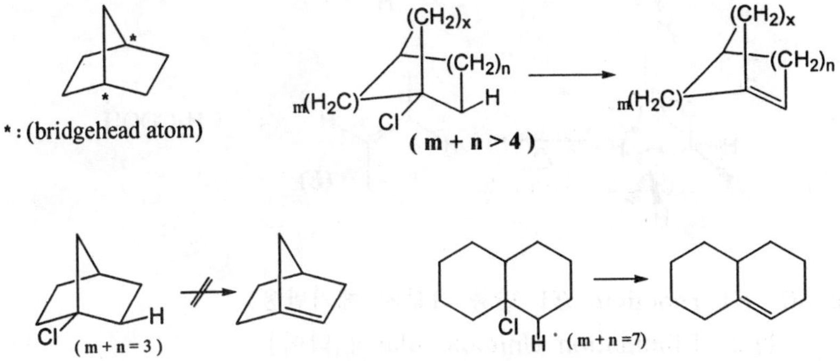

8-28 *trans*(*anti*) Elimination; 트란스(안티) 제거반응

β-Elimination에서 두개의 이탈기가 서로 반대 면에서 떨어져 나가 2중 결합이 형성되는 제거반응. 이것은 출발 물질의 형태 이성질체에 따라 *cis*(*Z*) 또는 *trans*(*E*) 생성물을 형성한다.

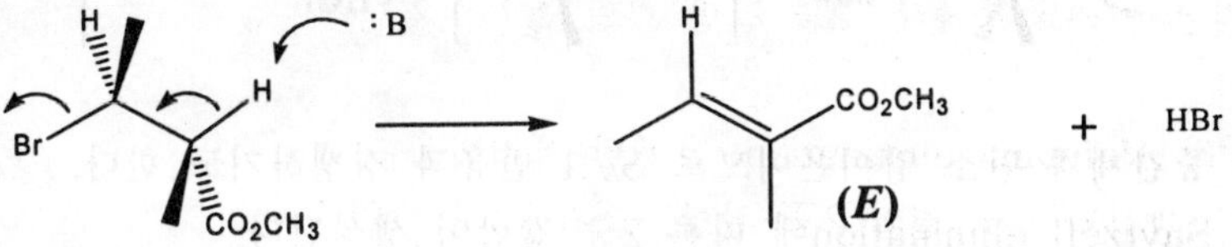

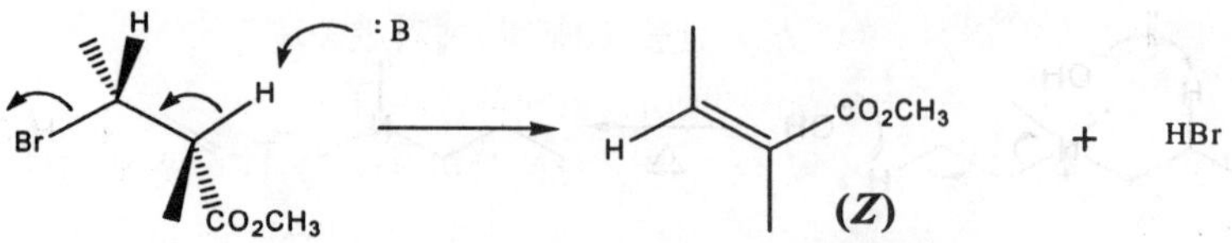

8-29 *cis(syn)* Elimination; 시스(신) 제거반응

β-Elimination에서 두개의 이탈기가 서로 같은 면에서 떨어져 나가 2중 결합이 형성되는 제거반응. 이것도 출발 물질의 형태 이성질체에 따라 *cis*(*Z*) 또는 *trans*(*E*) 생성물을 형성한다.

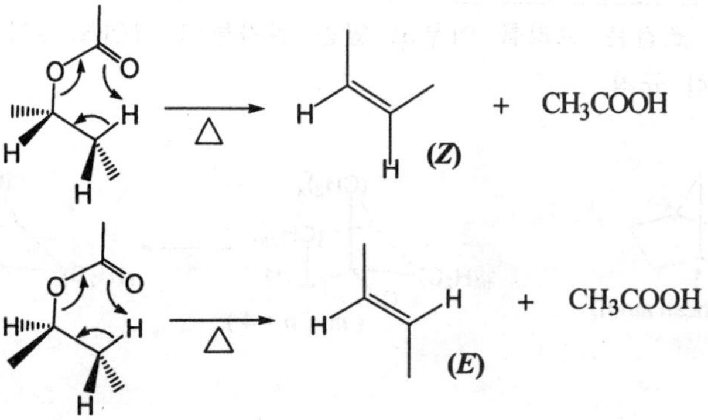

8-30 *E*1 reaction; *E*1 반응 (1분자 제거반응)

[*E*1: Elimination Unimolecular의 약어]

첫 번째 속도 결정단계에서 핵 배척 이탈기(nucleofugal)가 떨어져 나간 다음, 두 번째 단계에서 전자 배척 이탈기(electrofugal)가 빠르게 떨어지는 다단계 β-elimination.

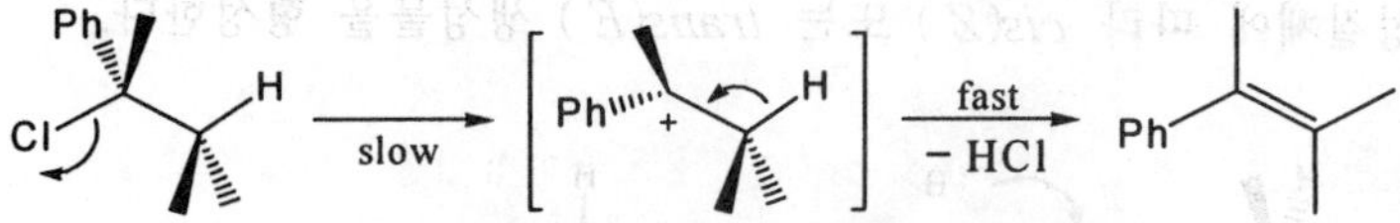

* 중간체가 탄소 양이온이므로 S_N1 반응과 경쟁하기도 한다. Saytzeff elimination에 따른 2중 결합이 생성된다.

8-31 *E*2 reaction; *E*2 반응 (2분자 제거반응)

[*E*2: Elimination Bimolecular의 약어]

염기에 의해서 떨어져 나가는 수소 양이온(H^+)과 이웃에 있는 핵배척 이탈기가 동시에 제거되는 한 단계 β-elimination. (반응형태는 *trans*-elimination)

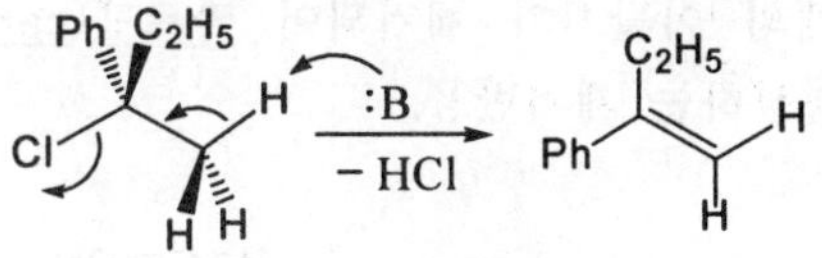

* 염기가 떼어내고자 하는 친전자체 주위의 입체구조적 요인에 민감하므로 Hofmann elimination이 우세하며, S_N 2 반응과 경쟁관계에 있다.

8-32 E_1cb reaction; E_1cb 반응 (짝염기 1분자 제거반응)

[E_1cb: Elimination Unimolecular Conjugate Base의 약어]

양성자가 먼저 이탈된(짝 염기) 후, 핵 배척 이탈기(nucleofugal)가 떨어져 나가 2중 결합이 형성되는 두 단계 Hofmann elimination. 따라서 중간체는 항상 탄소 음이온이며 이 음이온에 붙은 치환체는 전자 끄는 기(electron withdrawing group)이다. (2차 반응)

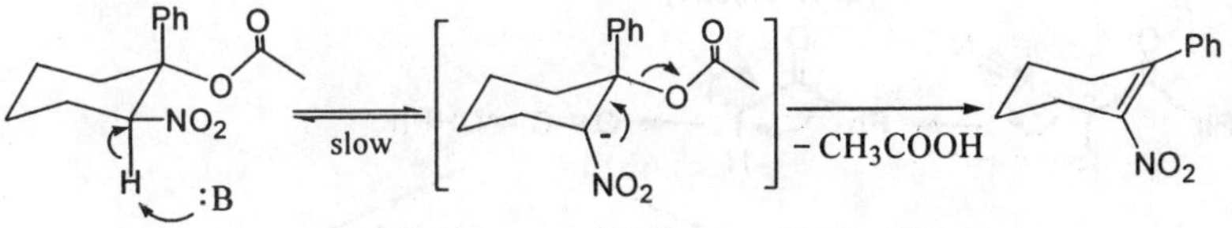

8-33 γ-(1,3-)Elimination; γ-(1,3-)제거반응

두개의 이탈기가 첫 번째 원자와 세 번째 원자에 붙어 있어서 이들의 이탈로 인하여 3각 고리 화합물을 이루는 제거반응.

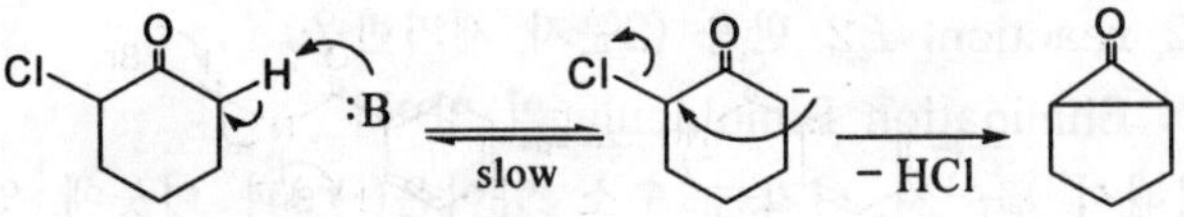

* E_1cb 반응 메카니즘과 같다.

8-34 α-(1,1-)Elimination; α-(1,1-)제거반응

한 원자에 두개의 이탈기가 제거되어 카르벤(carbene) 또는 니트렌(nitrene)을 생성하는 제거반응.

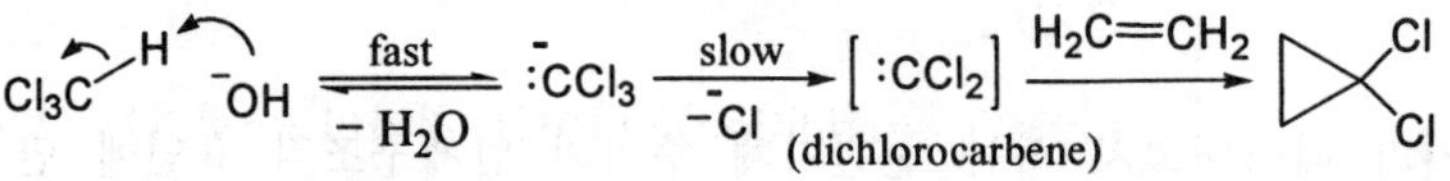

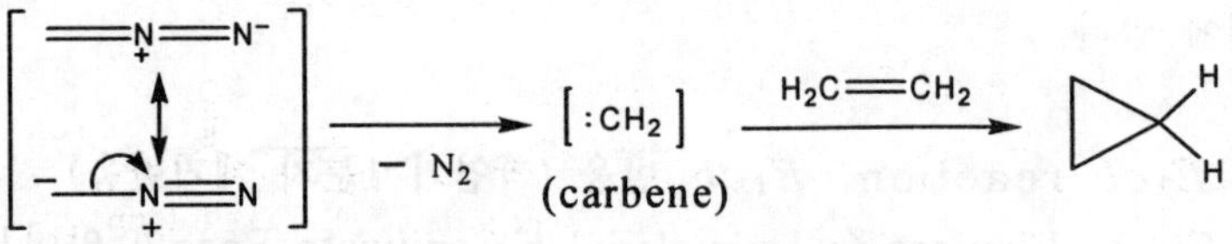

(diazomethane)

<carbene을 경유한 cyclopropane의 합성>

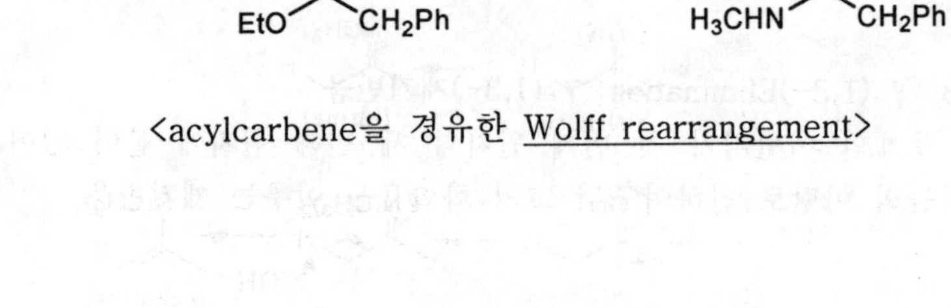

<acylcarbene을 경유한 Wolff rearrangement>

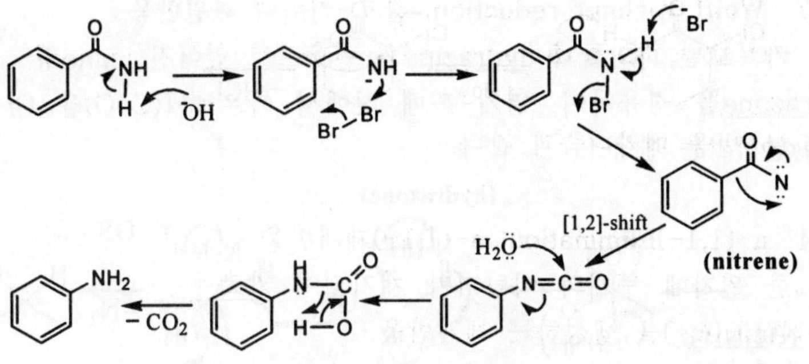

<nitrene을 경유한 Hofmann rearrangement>

8-35 Michael addition(1,4-addition); 마이클 첨가(1,4-첨가)

α,β-불포화 카르보닐기(전자 끄는 기)와 짝지은 2중 결합을 이루고 있는 C=C 결합에 친핵성 첨가반응을 일으키는 반응.

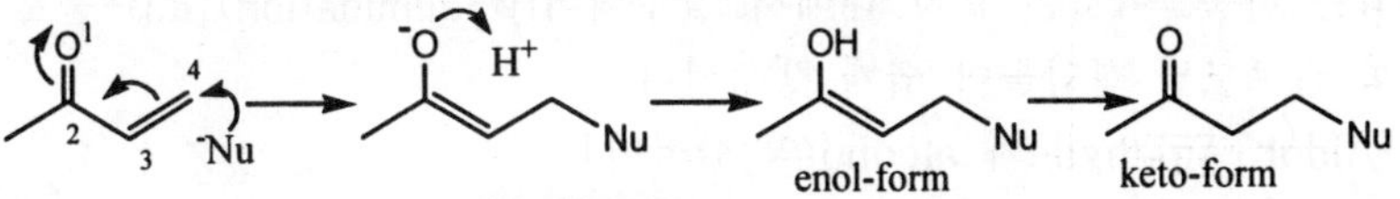

반응 초기에는 1,4-첨가반응이 일어나지만(enol-form), 토토머 현상에 의하여 enol-form은 안정한 keto-form으로 바뀐다.

* 1,2-addition은 강력한 친핵체에 의해서 주로 일어난다.

8-36 Enamine; 엔아민

카르보닐 화합물 (케톤)과 2차 아민이 반응하여 생성되는 amino-vinyl 형 화합물의 총칭. (1차 아민과의 반응은 imine 생성) [enamine은 -ene 과 amine의 합성어]

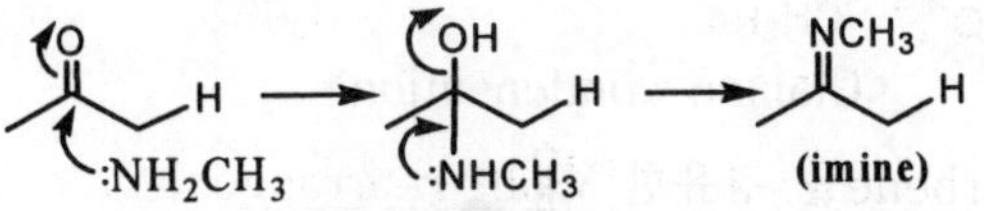

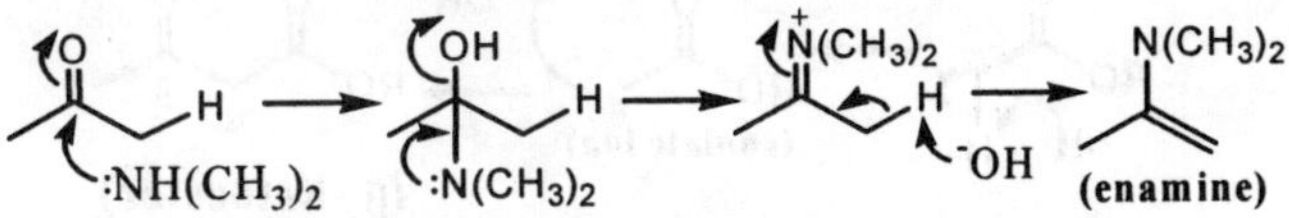

8-37 Wolff-Kishner reduction; 볼프-키쉬너 환원반응

카르보닐 화합물과 hydrazine의 반응으로 얻어진 imine형 hydrazone을 경유하여, 염기-촉매 하에서 카르보닐(C=O)을 CH_2로 환원시키는 반응.

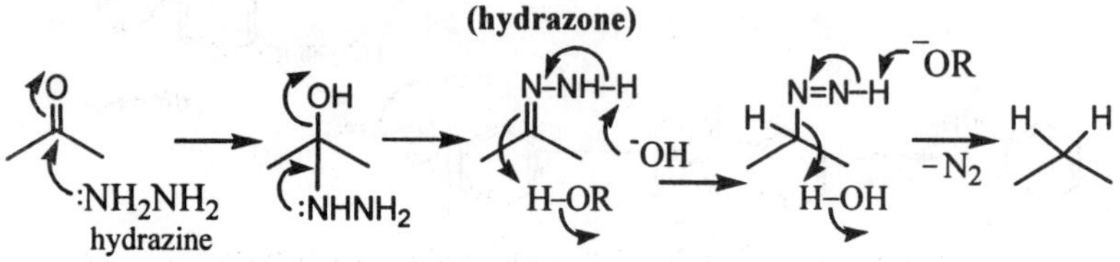

8-38 Aldol condensation; 알돌 축합반응

α-수소를 지니고 있는 카르보닐 화합물(알데히드, 케톤)들이 염기성 용액 중에서 서로 축합되어 β-히드록시 카르보닐 화합물로 되는 반응. 이것은 분자 내에서 탈수되어(β-elimination) α,β-불포화 카르보닐 화합물이 쉽게 생성된다.

[Aldol: Aldehyde와 alcohol의 합성어]

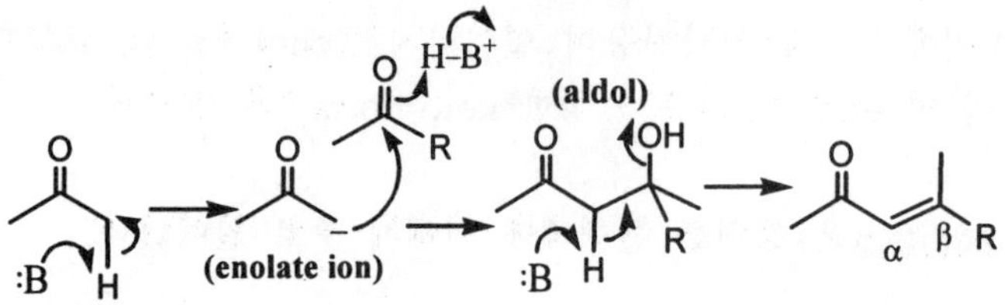

* 에스테르 화합물인 경우에는 β-ketoester를 생성하며 Claisen condensation이라 하고, 분자 내에 두개의 에스테르 기를 지니고 있어서 고리형 β-ketoester를 생성하는 축합반응을 일으키는 것을 Dieckmann condensation이라 한다.

<Claisen condensation>

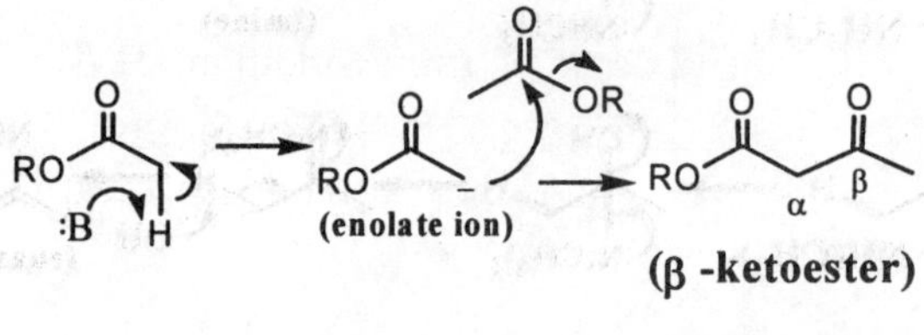

8-39 Markownikoff's (Markovnikov's) rule; 마르코우니콥 규칙

비대칭으로 치환된 알켄(알킨) 화합물에 HX (X=halogen, OH, 등)의 친전자성 첨가반응이 일어날 때, H 원자는 2중(3중) 결합을 중심으로 수소가 많이 붙은 탄소원자에 첨가되고 그 반대쪽에 X 원자(단)가 첨가되는 규칙.

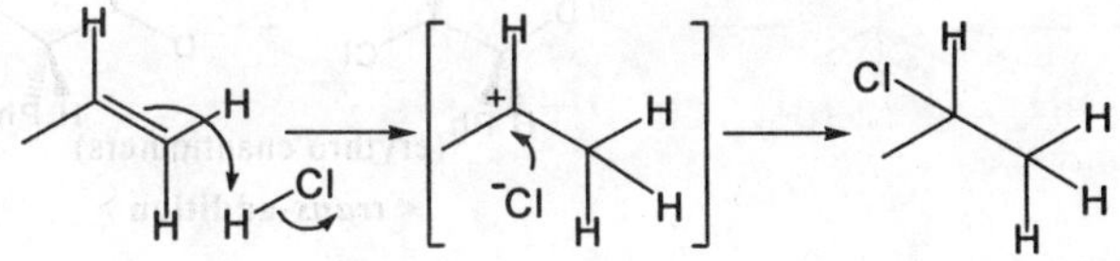

8-40 Anti-Markownikoff addition; 반 마르코우니콥 첨가반응

Markownikoff's rule과 반대되는 위치에서 일어나는 첨가 반응으로서, 주로 hydroboration (수소화붕소 첨가반응)에서 일어난다.

<Propene의 hydroboration>

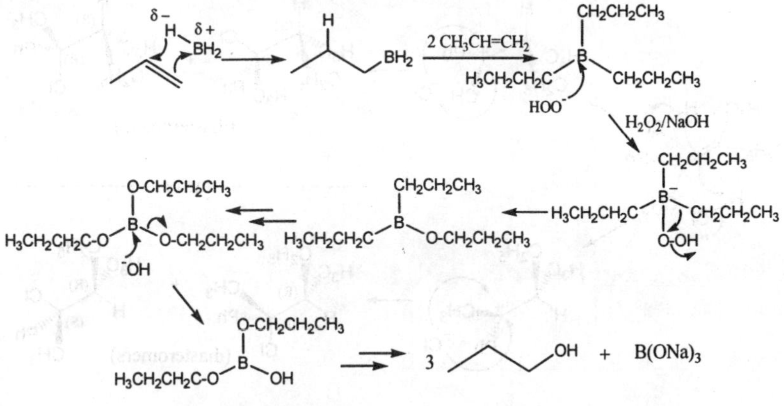

8-41 *cis*-Addition; 시스-첨가, *trans*-Addition; 트란스-첨가

π-결합(2중 또는 3중 결합) 주위의 같은 면에 두개의 원자(단)이 붙으면 시스-첨가, 반대 면에 붙으면 트란스-첨가.

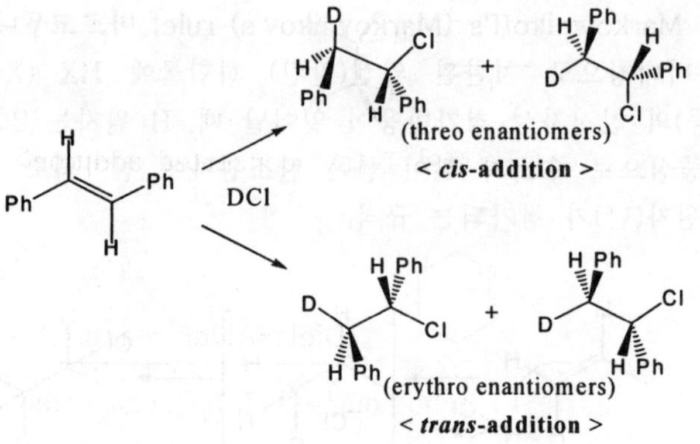

8-42 *Ad*$_E$ 2 reaction; *Ad*$_E$ 2 반응 (2분자 친전자성 첨가반응)

[*Ad*$_E$ 2: Addition Electrophilic Bimolecular의 약어]

π-결합을 가진 화합물에서 친전자체가 붙는 것이 첫 번째 속도 결정단계에서 일어나고 그 다음에 빠르게 탄소 양이온에 친핵체가 공격하는 두 단계 첨가반응.

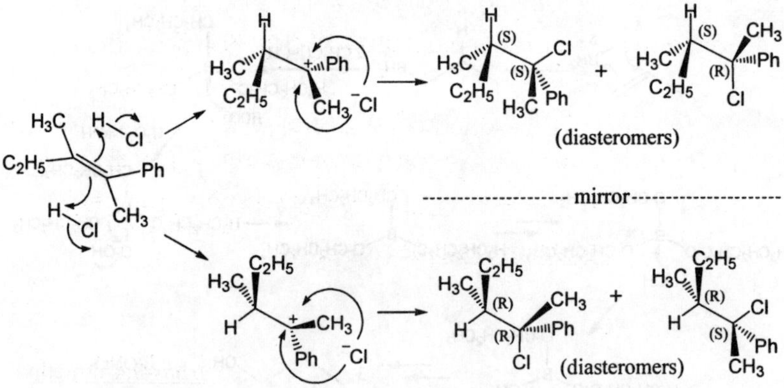

8-43 Concerted addition; 협동 첨가반응

π(또는 σ)-결합에 두개의 원자(단)들이 같은 면에서 동시에 첨가되는 반응. 고리화 첨가반응(cycloaddition reaction)에서 많이 나타난다. 따라서 *cis*-배열 화합물이 생성된다.

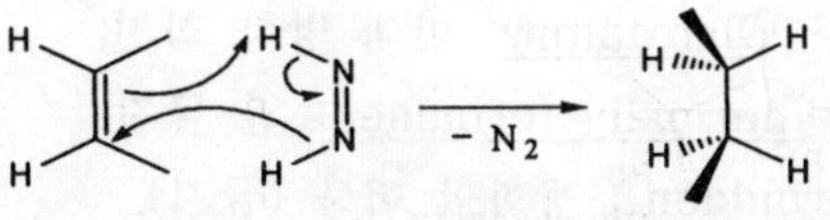

<σ-결합(N-H)에 에틸렌이 결합한 concerted addition>

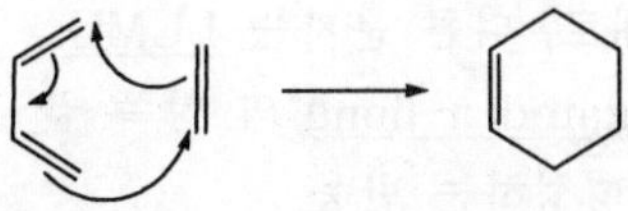

(Diels-Alder reaction)

<π-결합(에틸렌)에 1,3-butadiene이 결합한 concerted addition>

8-44 Pericyclic reaction; 고리형 협동반응

두개 또는 그 이상의 결합들이 형성되거나, 파괴되는 고리형 전이상태를 거쳐 진행되는 협동반응. (1-6, 1-7, 1-8, 참조)

* 세가지 반응 형태가 있다.

(1) Electrocyclic reaction (전자 고리화 반응)

(2) Cycloaddition reaction (고리화 첨가반응)

(3) Sigmatropic rearrangement (시그마결합 자리옮김 반응)

8-45 Electrocyclic reaction; 전자 고리화 반응

한 분자내의 HOMO 상태에서 짝지은 π-결합의 양쪽 끝 원자들 사이에서 σ-결합을 하여 고리를 형성하는 반응. (1-6, 참조) (역고리화 반응(cycloreversion)도 성립.)

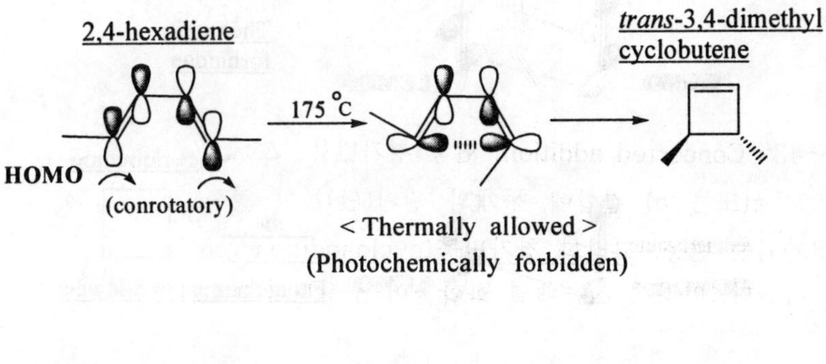

< Thermally allowed >

(Photochemically forbidden)

* Conrotatory: 동일 방향 회전, Disrotatory: 반대 방향 회전.
  Thermally allowed: 열 허용, thermally forbidden: 열 금지.
  Photochemically allowed (forbidden): 광화학 허용 (금지).

8-46 Cycloaddition reaction; 고리화 첨가반응

두 분자에서 한 분자는 HOMO 상태로, 다른 분자는 LUMO 상태로 하여 각각 짝지은 π-결합 (conjugated π-bond)의 양쪽 끝에 있는 원자들끼리 σ-결합하여 고리를 형성하는 반응.
(1-6, 참조)

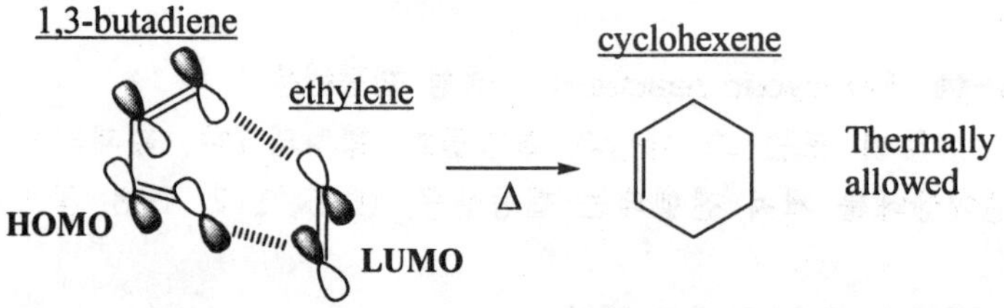

<Diels-Alder Reaction>: [4+2] mode

* Cycloaddition reaction들 중에서 1,3-butadiene(4개 탄소)과 ethylene(2개 탄소)에 의한([4+2] mode) 고리화 첨가반응을 특히 Diels-Alder 반응이라고 한다.
* Diene(디엔)은 1,3-butadiene을 지칭하고, dienophile(친디엔체)는 ethylene을 지칭한다. (Diels-Alder 반응에서 주로 사용.)

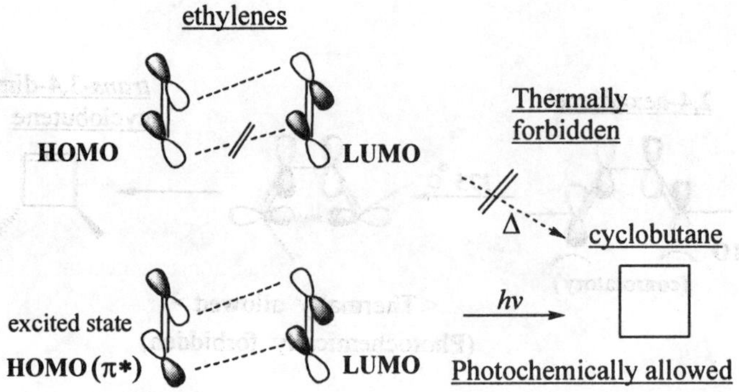

8-47 Sigmatropic rearrangement; 시그마결합 자리옮김 반응

한 분자내의 HOMO 상태에서 짝지은 π-결합계의 어떤 원자(단)이 본래의 σ-결합을 끊고 다른 원자(단)에 σ-결합을 다시 형성하는 분자 내 σ-결합의 이동.

<Thermally allowed>

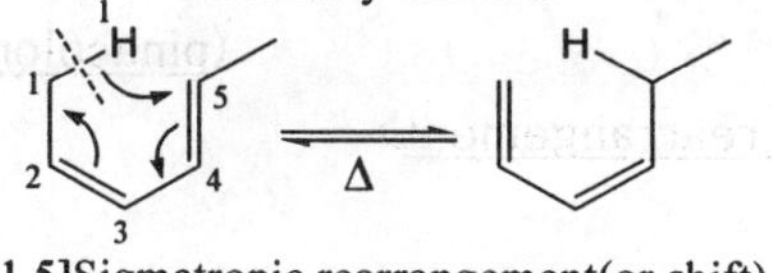

[1,5]Sigmatropic rearrangement(or shift)

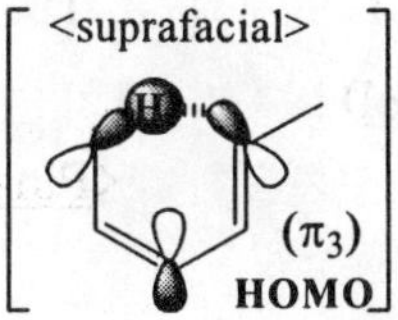

<Thermally forbidden>

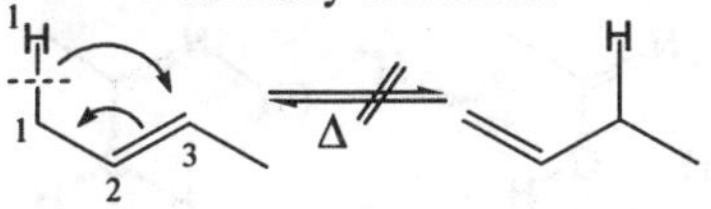

[1,3]Sigmatropic shift

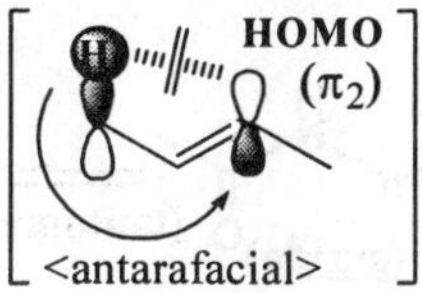

<Photochemically allowed>

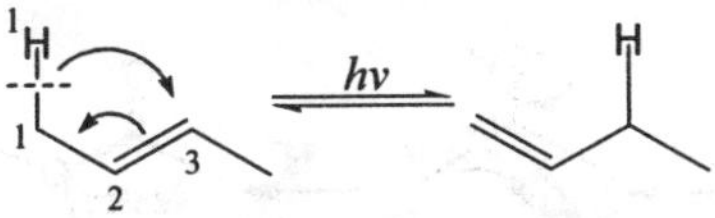

[1,3]Sigmatropic shift

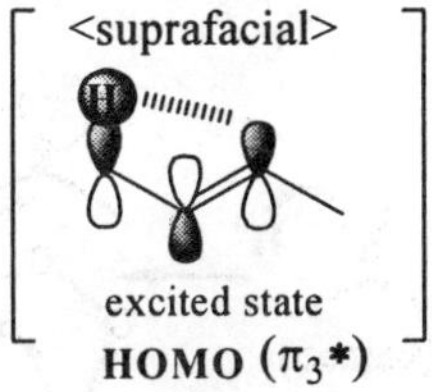

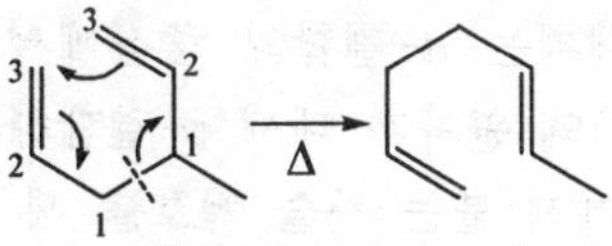

(Cope rearrangement)

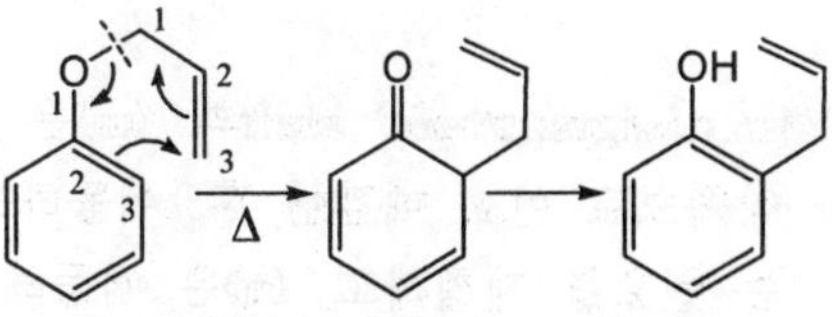

(Claisen rearrangement)

[3,3]Sigmatropic shifts

* [1,2]Sigmatropic shifts에 대한 예.

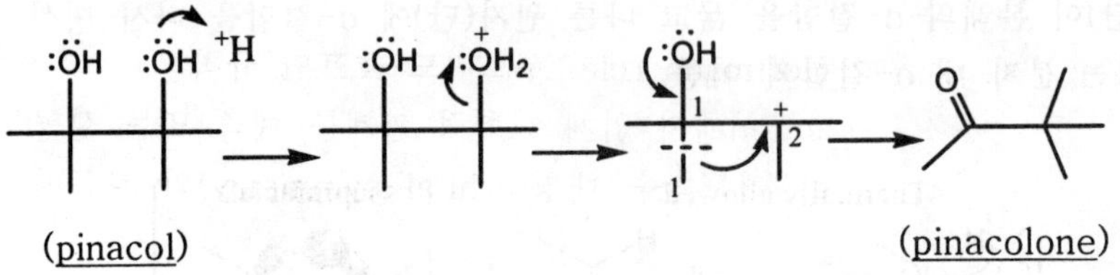

<Pinacol rearrangement>

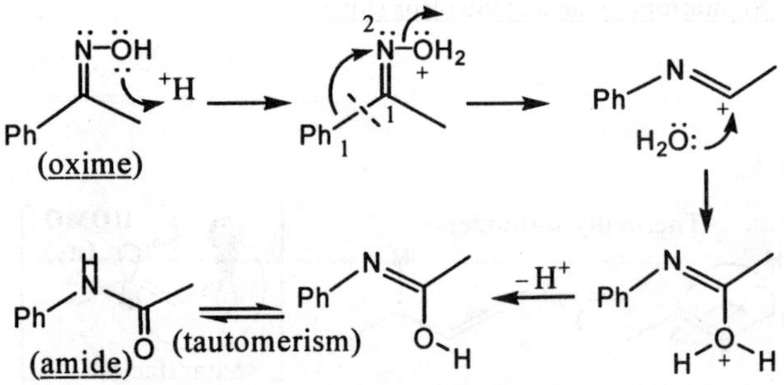

<Beckmann rearrangement>

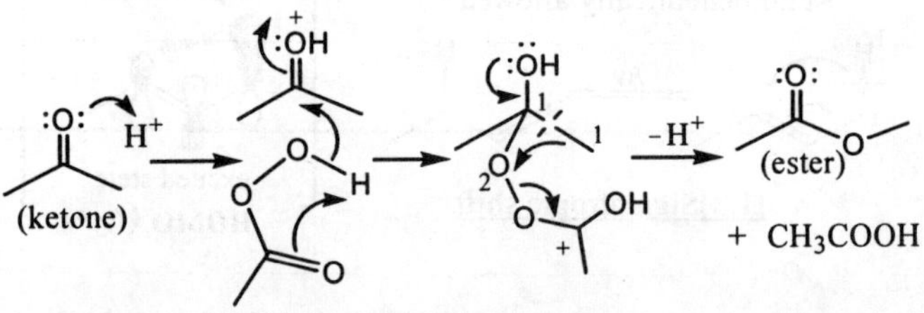

<Baeyer-Villiger rearrangement(oxidation)>

* [m,n]sigmatropic shift의 (m)은 끊어지는 σ-결합의 중심에서 양쪽으로 번호 매김한 후, 이동하는 기의 원자가 다시 σ-결합하는 번호를 지칭하고, (n)은 이동하는 기가 붙는 사슬 번호를 지칭한다.

* Suprafacial(동일면): 시그마결합 자리옮김 반응에서, 떨어져나가는 원자(단)의 위치와 이것이 다시 붙는 위

치가 같은 쪽에 속해 있을 때 지칭하고

Antarafacial(반대면): 반대쪽에 속해 있을 때 지칭한다.

8-48 Woodward-Hoffmann rule; 우드워드-호프만 규칙

Pericyclic reaction에서 입체 화학적 관계를 예측 또는 설명할 수 있는 개념으로 궤도함수 대칭(orbital symmetry)의 보존에 관한 규칙.

(1) Electrocyclic reaction:

전자쌍 수*	Disrotatory	Conrotatory
홀 수	열 허용	광화학 허용
짝 수	광화학 허용	열 허용

(2) Cycloaddition reaction:

전자쌍 수*	Allowed cycloaddition
홀 수	열 허용
짝 수	광화학 허용

(3) Sigmatropic rearrangement(shift):

전자쌍 수*	Allowed sigmatropic shift
홀 수	열 허용
짝 수	광화학 허용

*, 전자쌍 수는 반응에 참여한 전체 π-결합 전자쌍(또는 σ-결합 전자쌍) 수의 합을 지칭한다.

8-49 Chain reaction; **연쇄반응**

(1) 반응 생성물의 하나가 다시 반응물로 작용하여 다단계 반응이 연속적으로 반복해서 일어나는 반응. 일반적으로 자유 라디칼이 매개체로 작용한다.

(2) 핵 화학에서 중성자를 매개체로 하여 한 원자핵이 분열되고, 다음에 다른 원자핵이 연속적으로 분열을 일으키는 핵반응의 일종.

< 유기화학에서의 연쇄반응에 대한 예. >

세 단계로 이루어진다. 첫 단계; <u>initiation step</u>(<u>개시 단계</u>), 둘째 단계; <u>propagation step</u>(<u>전파 단계</u>), 셋째 단계; <u>termination step</u> (<u>종결 단계</u>).

$$Cl{-}Cl \xrightarrow{h\nu} 2\ \cdot Cl \qquad \text{Initiation step}$$

$$CH_4 + \cdot Cl \longrightarrow \cdot CH_3 + HCl$$

repeated — Propagation step

$$Cl_2 + \cdot CH_3 \longrightarrow CH_3Cl + \cdot Cl$$

$$\cdot CH_3 + \cdot Cl \longrightarrow CH_3Cl \qquad \text{Termination step}$$

$$CH_4 + Cl_2 \xrightarrow{h\nu} CH_3Cl + HCl \qquad \textbf{Net reaction}$$

* <u>Chain carrier</u> (<u>연쇄 운반체</u>): 연쇄반응에서 결합 또는 파괴되는 반복 과정에서 생기는 ·Cl과 $\cdot CH_3$ 중간체들을 지칭한다.

8-50 Initiator; **개시체**

연쇄반응의 개시 단계를 일으키는 시약.

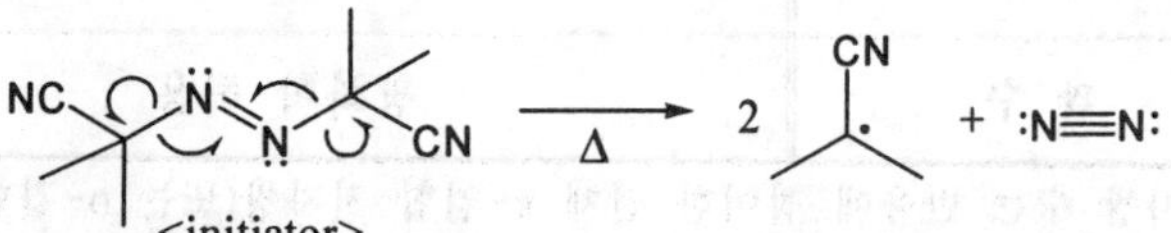

<initiator>
2,2'-azobisisobutyronitrile
(AIBN)

<free radical>

개시체로서 <u>AIBN</u>을 가열하면 연쇄 운반체인 $\cdot C(CH_3)_2CN$ (자유 라

디칼)이 생성되어 연쇄반응이 시작된다.

8-51 Inhibitor; 억제제 (방해제)

화학반응을 억제(방해)하는 시약.

$\cdot R + O_2 \longrightarrow R\text{-}O\text{-}O\cdot \longrightarrow$ 다른 생성물

위 반응에서 연쇄반응을 일으킬 자유 라디칼 (·R)이 O_2와 반응하여 연쇄반응을 방해하므로, 이 때, O_2가 inhibitor에 해당한다.

8-52 S_H 2 reaction; S_H 2 반응 (2분자 균일 분해성 치환반응)

[S_H 2: Substitution Homolytic Bimolecular의 약어]

자유 라디칼에 의한 연쇄반응이 연쇄 전파단계에서 다른 분자의 말단원자에 자유 라디칼이 공격하는 반응. (8-44, 전파단계, 참조)

8-53 S_{RN} 1 reaction; S_{RN} 1 반응
(1분자 라디칼 친핵성 치환반응)

[S_{RN} 1: Substitution Radical Nucleophilic Unimolecular의 약어]

연쇄반응에서 라디칼 음이온(radical anion)에 의한 친핵성 치환반응.

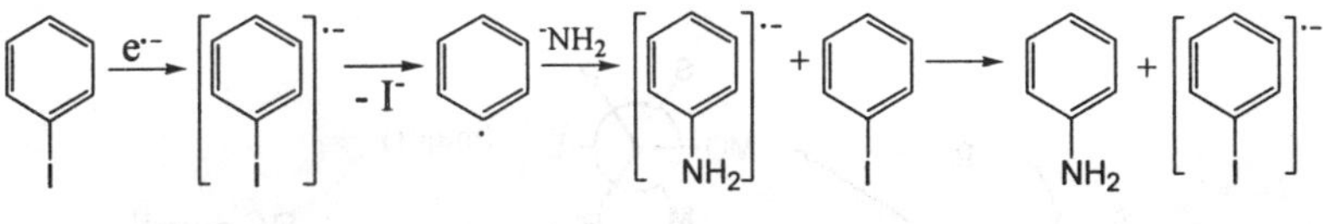

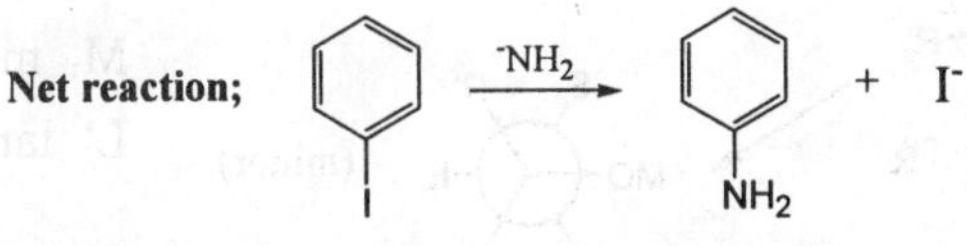

* 8-23의 elimination-addition mechanism(benzyne mechanism)과 같은 결과를 나타낸다.

8-54 Radical addition reaction; 라디칼 첨가반응
Radical substitution reaction; 라디칼 치환반응

π-결합 탄소에 라디칼이 첨가되는 반응을 라디칼 첨가반응,

π-결합 탄소에 라디칼에 의해 치환되는 반응을 라디칼 치환반응.

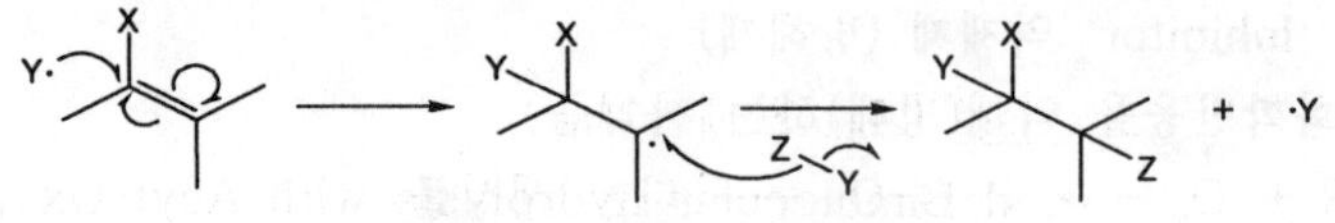

< Radical addition reaction >

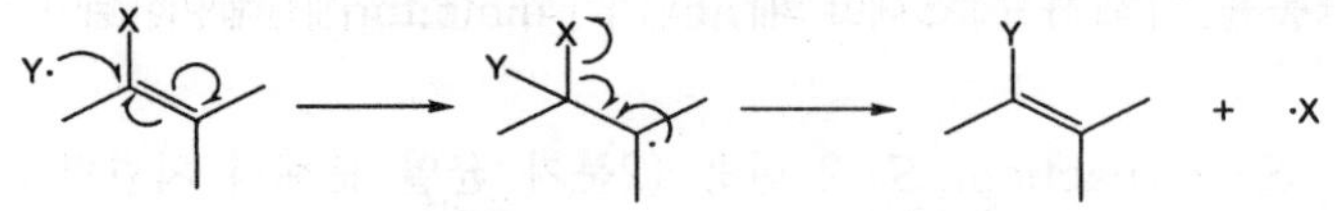

< Radical substitution reaction >

8-55 Cram's rule; 크램 규칙

카르보닐 기의 이웃 원자에 chiral 탄소를 가지고 있는 화합물에서 카르보닐 기를 공격하여 우세하게 형성하는 diastereomer를 예측하는 규칙.

* 카르보닐 기에 H^-(hydride anion) 또는 알킬 음이온(R^-)의 첨가반응을 일으킬 때, 이웃 chiral center의 가장 크기가 작은 기 쪽으로 우세하게 공격한다.

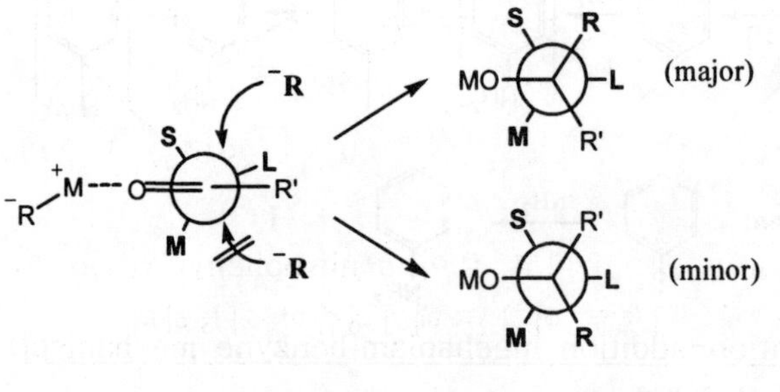

S: small
M: medium
L: large

8-56 Ester hydrolysis; 에스테르 가수분해 반응

에스테르(ester)가 산-촉매 또는 염기-촉매하에서 물과 반응하여 그의 산과 알코올로 분해하는 반응.

여기에는 에스테르의 알킬기 성질과 반응 조건에 따라 다음 4가지 유형의 메카니즘으로 분류된다.

(1) <u>A_{AC} 2 mechanism</u> (A_{AC} 2 메카니즘)

[Acid-catalyzed Bimolecular hydrolysis with Acyl-Oxygen cleavage의 약어]

산-촉매하에서 에스테르의 acyl 기와 산소의 결합이 끊어짐.

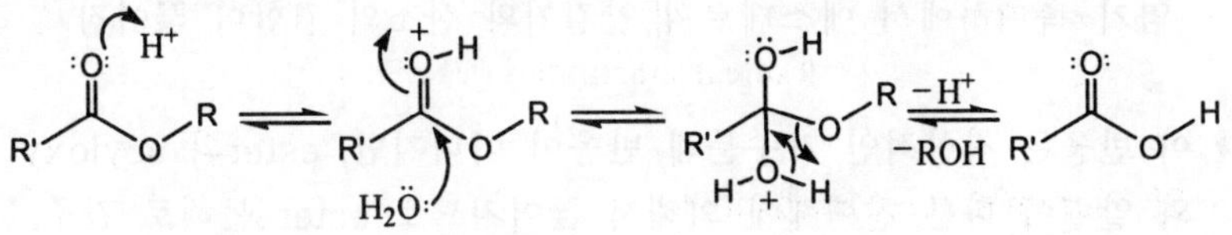

(2) <u>A_{AL} 1 mechanism</u> (A_{AL} 1 메카니즘)

[Acid-catalyzed Unimolecular hydrolysis with Alkyl-Oxygen cleavage의 약어]

산-촉매하에서 에스테르의 알킬기와 산소의 결합이 끊어짐.

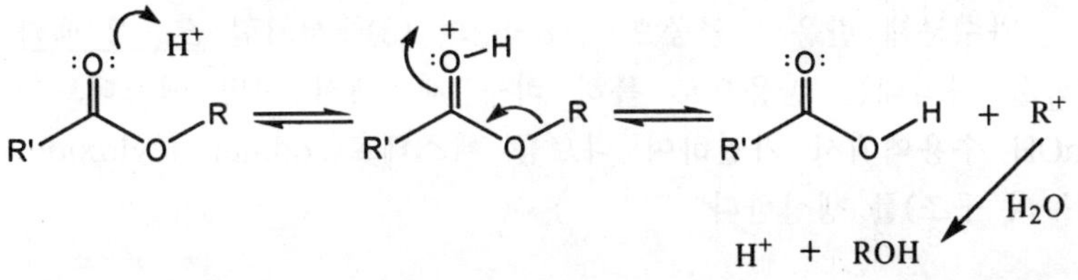

* R^+이 안정한 *t*-butyl 양이온이고, R'이 *p*-nitrophenyl 인 경우에 산소 음이온이 안정화되므로 이같은 메카니즘이 가능하다.

(3) <u>B_{AC} 2 mechanism</u> (B_{AC} 2 메카니즘)

[Base-catalyzed Bimolecular hydrolysis with Acyl-Oxygen cleavage의 약어]

염기-촉매하에서 에스테르의 acyl 기와 산소의 결합이 끊어짐.

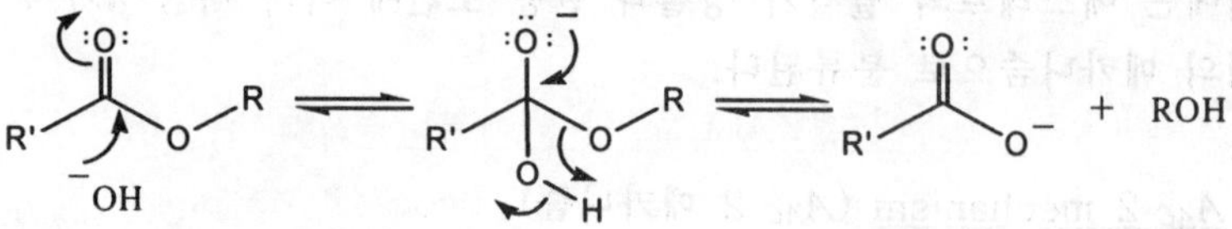

(4) *B_{Al}* 2 mechanism (B_{Al} 2 메카니즘)

[Base-catalyzed Bimolecular hydrolysis with Alkyl-Oxygen cleavage의 약어]

염기-촉매하에서 에스테르의 알킬기와 산소의 결합이 끊어짐.

* 이 반응은 정상적인 가수분해 반응이 아니지만, ester의 acyloxy와 알킬이 다른 친핵체에 의해서 끊어지므로 ester 분해로 간주.

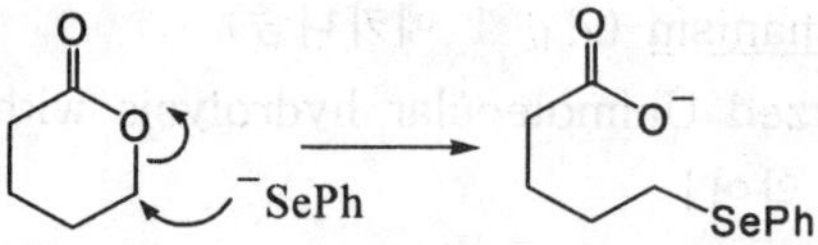

8-57 Saponification; 비누화 반응

가수분해 반응의 일종으로, 8-52의 (3)에서처럼 B_{AC} 2 메카니즘을 나타내는 반응으로 특히 비누 제조에서 지방 에스테르를 NaOH 수용액에서 가열하여 나트륨 에스테르(sodium acyloxide; 비누의 구조)를 생성한다.

$$C_{17}H_{35}COOR + NaOH \longrightarrow C_{17}H_{35}COO^{-}\ {}^{+}Na + ROH$$

sodium stearate(비누)

8-58 Condensation reaction; 축합반응

두 반응물이 서로 반응하여 간단한 작은 분자(H_2O, CO_2, 등)들이 떨어져 나가면서 새로운 결합을 하는 반응.

8-59 Esterification; 에스테르화 반응

에스테르 가수분해의 역 반응으로서, 카르복시 산과 알코올이 반응하여 에스테르를 생성하는 축합반응.

(예) <산-촉매 에스테르화 반응 메카니즘>

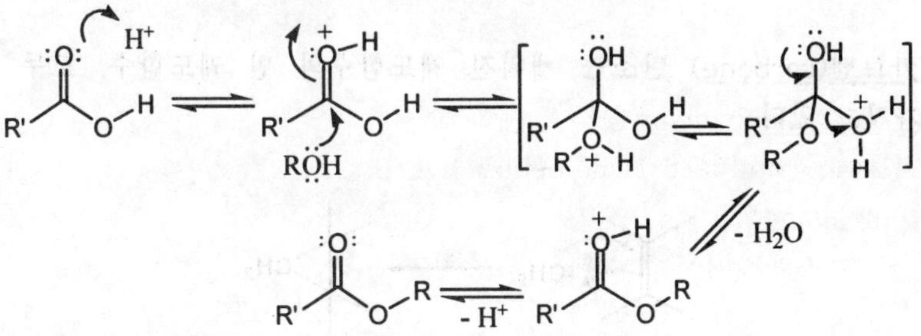

8-60 Ene reaction; 엔 반응

알릴 형 화합물과 olefin (ene 화합물)의 첨가반응으로, allylic system에서 알릴 자리 수소(allylic H)가 olefin의 2중결합 말단 탄소에 첨가되면서 자리옮김하는 반응.

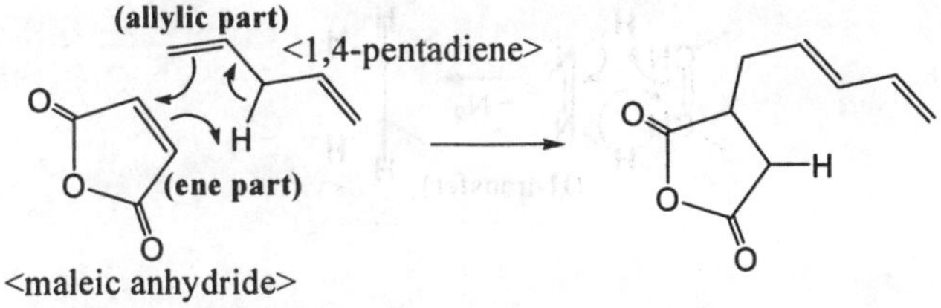

<maleic anhydride와 1,4-pentadiene의 ene reaction>

8-61 1,3-Dipolar addition; 1,3-쌍극성 첨가반응

1,3-쌍극성 분자와 π-결합 화합물의 고리화 첨가반응.

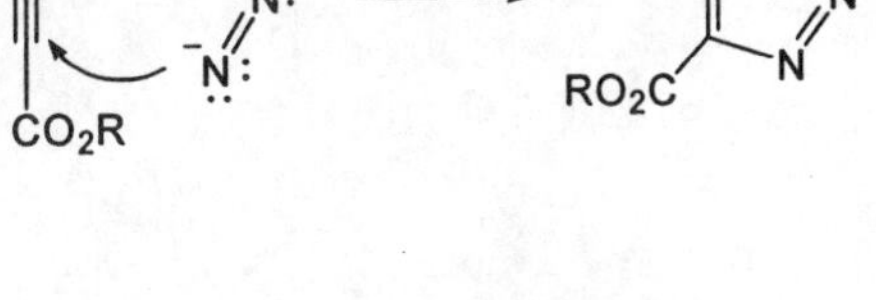

8-62 Cheletropic reaction; 집게 반응

채워진 궤도함수와 빈 궤도함수, 둘 다 가지고 있는 단일 원자가 π-결합 화합물과 cycloaddition을 일으키는 반응.

* 카르벤(carbene) 탄소는 채워진 궤도함수와 빈 궤도함수, 모두 가지고 있다.

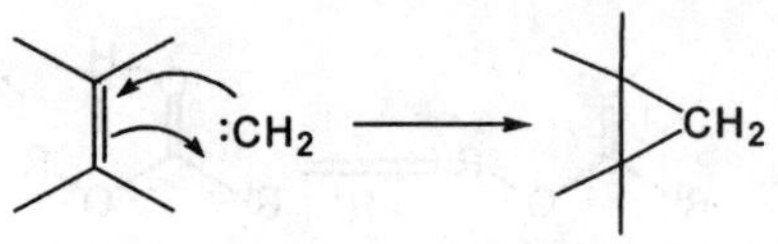

8-63 Group transfer reaction; 기 전달 반응

하나 이상의 원자(단)이 다른 분자로 이동하는 pericyclic reaction.

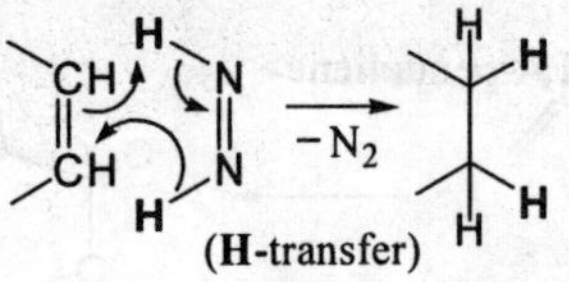

창작활동의 비결에 대한 질문:
"그것은 무슨 일이 있어도 매일 정해진
시간에 책상에 앉는 것이다." -헤밍웨이의 대답-

제 9 장
고분자와 천연물
(Polymer and Natural Product)

제 9 장
고분자와 천연물
(Polymer and Natural Product)

9-1 Monomer; 단위체, Oligomer; 소중합체, Polymer; 고분자(중합체)

단위체가 반복적으로 연결되어 매우 높은 분자량을 이루고 있는 물질을 중합체라 하는데, oligomer(소중합체)는 monomer(단위체)들이 대략 4~15개 정도로 구성된 것을 지칭하고, polymer(고분자)는 30~100,000개 정도로 반복 연결 중합된 것을 지칭한다.

9-2 Free radical polymerization; 자유 라디칼 중합반응

연쇄 반응의 개시 단계에서 개시체(initiator)에 의해 얻어진 연쇄 운반체(chain carrier)인 자유 라디칼이 중합을 일으키는 연쇄반응. (8-45, 참조)

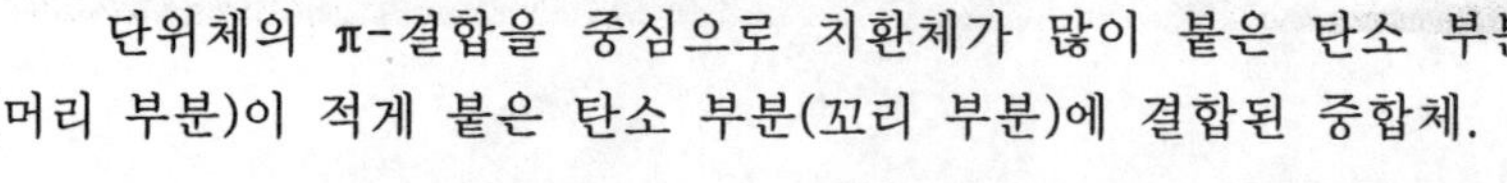

<free radical> vinyl chloride poly(vinyl chloride)

9-3 Head to Tail polymer; 머리-꼬리 중합체

단위체의 π-결합을 중심으로 치환체가 많이 붙은 탄소 부분(머리 부분)이 적게 붙은 탄소 부분(꼬리 부분)에 결합된 중합체.

(예)

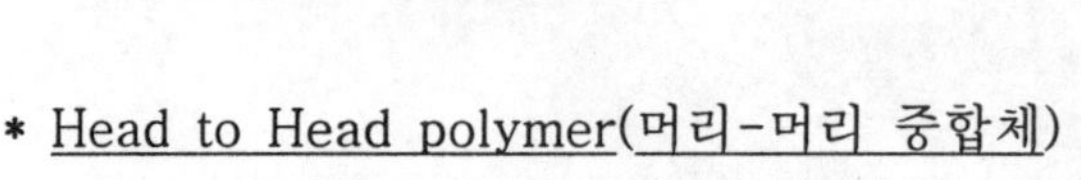

vinyl chloride **<monomer>** poly(vinyl chloride) **<Head- to-Tail polymer>**

* Head to Head polymer(머리-머리 중합체) 또는 Tail to Tail polymer(꼬리-꼬리 중합체) 등이 있을 수 있다.

9-4 Addition polymer; 첨가 중합체

같은 또는 다른 단위체들의 연속적인 반복 첨가에 따른 중합체. 따라서 아무런 원자들의 손실이 없다.

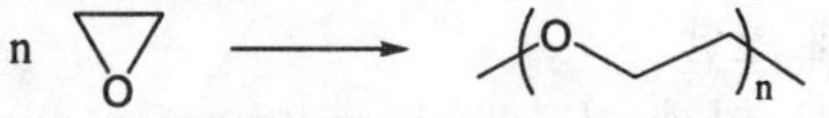

poly(ethylene oxide)
<homopolymer>

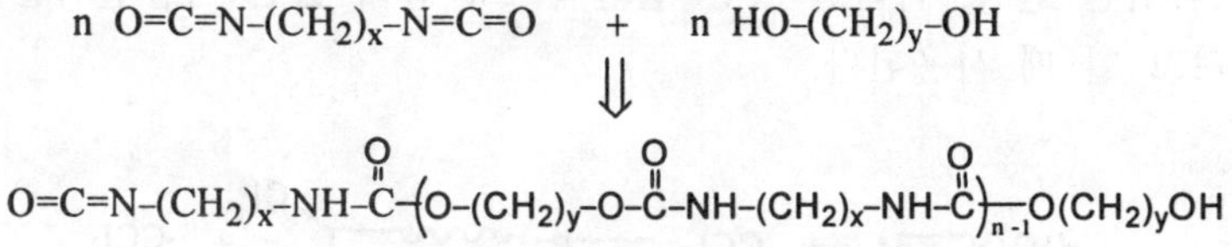

Polyurethane <**heteropolymer**>

* <u>Homopolymer(동종 중합체)</u>: 같은 단위체들끼리 중합된 것.
<u>Heteropolymer(이종 중합체)</u>: 다른 단위체들끼리 중합된 것.

9-5 Condensation polymer; 축합 중합체

2 작용기를 가진 서로 다른 단위체들끼리 반복 결합하면서 중합할 때, 작은 분자들(H_2O, CO_2, ROH 등)을 내놓으면서 중합한 고분자.

(예) 9-28에서 합성된 nylon-6와 nylon-6,6.

9-6 Ring-Opening polymer; 개환 중합체

고리가 끊어지면서 일어나는 연쇄 중합체.

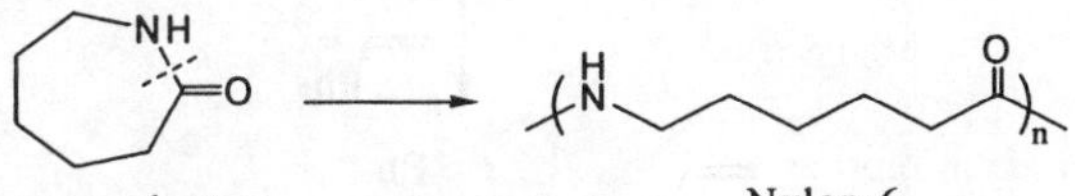

ε-caprolactam　　　　Nylon-6

9-7 Copolymer; 공중합체

2개 이상의 다른 단위체들이 섞여서 중합되어진 polymer.

무작위로 배열된 것을 random copolymer(무작위 공중합체), 교대로 규칙적으로 배열된 것을 alternating copolymer(교대 공중합체)라고 한다.

9-8 Chain transfer; 연쇄 전달

중합체 사슬 말단에서 연쇄 전달체(chain transfer agent)에 의해 새로운 사슬의 개시반응이 동시에 일어나, 다른 종류의 것으로 바뀌는 현상. 이러한 것은 일반적으로 좀더 짧은 사슬길이를 만들려고 할 때 사용된다.

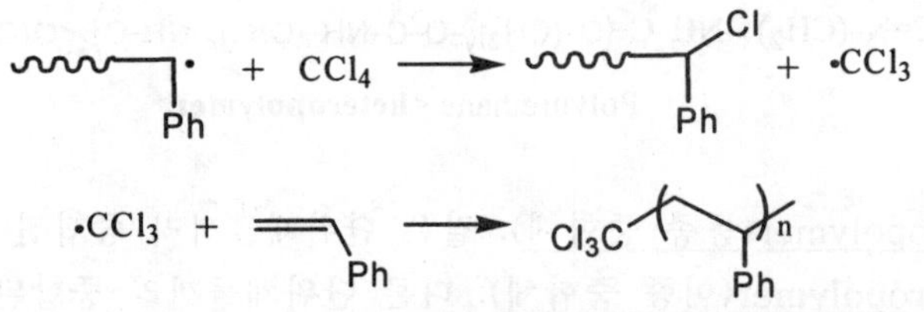

* CCl_4에 의해 연쇄반응이 종결되고, 새로 생긴 $\cdot CCl_3$ 라디칼 (연쇄 전달체)에 의해 또 다른 중합반응이 시작된다.

9-9 Branched polymer; 가지달린 중합체

중합체를 형성할 때, 사슬형으로 배열되지 않고 가끔 주 사슬에 곁가지를 이루면서 중합되는 homopolymer(동종 중합체).

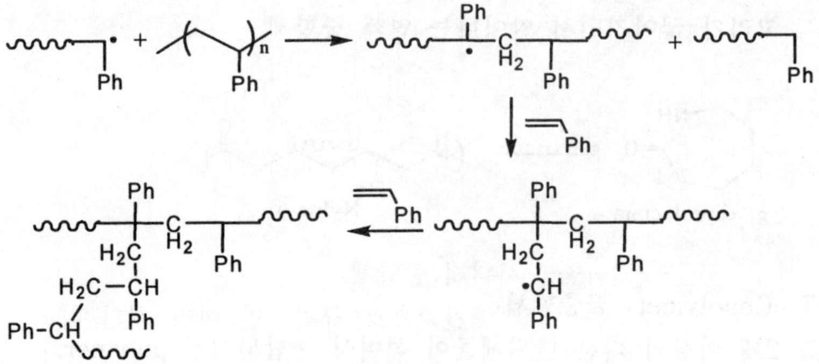

9-10 Block polymer; 블록 중합체 (구역 중합체)

동종 중합체에 또 다른 동종 중합체 사슬이 붙은 상태의 공중합체. 만약 X와 Y가 각각 다른 단위체라고 할 때,
하나의 동종 중합체, XX가 또 다른 동종 중합체 YY와 연결되어
XX-YY-XX-YY--- 으로 블록을 형성하면서 이루어진 중합체.

9-11 Graft polymer; 그래프트 중합체 (접목 중합체)

한 종류의 단위체로 이루어진 주 사슬에 또 다른 단위체로 이루어진 사슬이 가지로 붙어있는 공중합체.

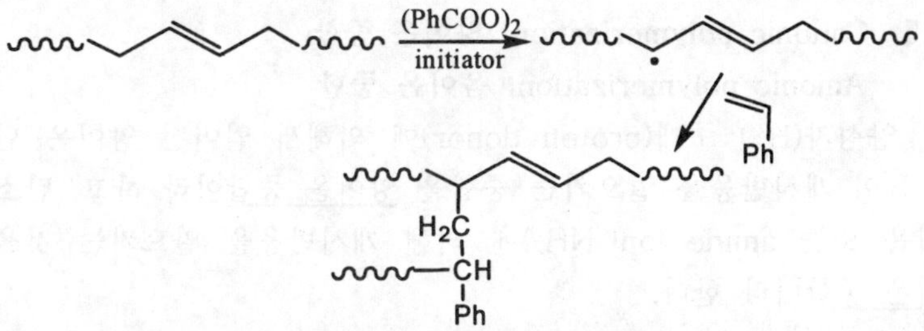

9-12 Cross-linked polymer; 다리 걸친 중합체

두개의 독립된 중합체 사슬이 어떤 원자단에 의해서 충상 결합을 이룬 중합체.

<다리 걸친 중합체>

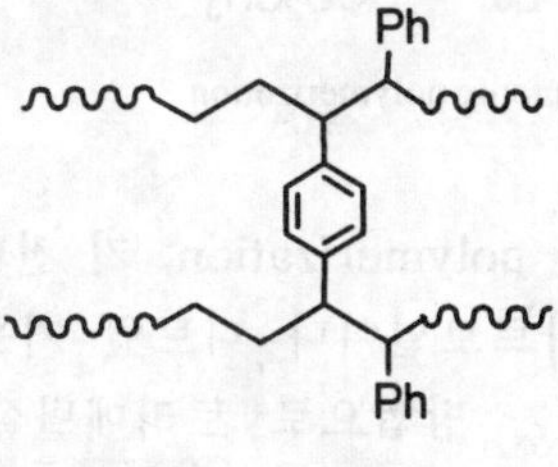

9-13 Ladder polymer; 사다리 중합체

두개의 주 사슬이 짧은 간격으로 규칙적인 여러 개의 다리를 걸친 사다리 형 중합체.

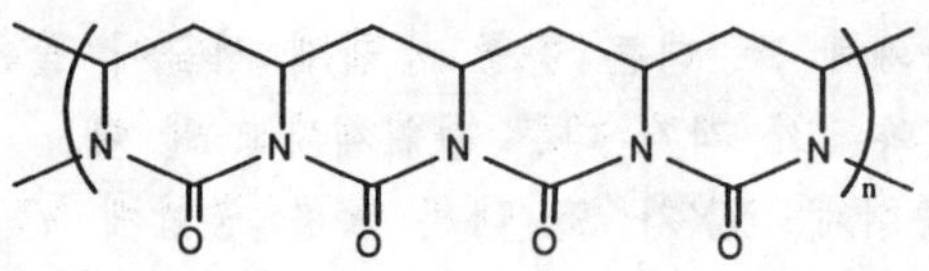

9-14 Emulsion polymerization; 에멀젼 중합

비 수용성 단위체들이 유화제를 함유한 수용액에서 서로 반응하여 중합되는 과정. 이러한 중합체는 응결 라텍스(coagulated latex)로 분리한다.

9-15 Cationic polymerization; 양이온 중합
Anionic polymerization; 음이온 중합

양성자(H^+) 주개(proton donor)에 의해서 얻어진 양이온 단위체들이 개시반응을 일으키는 중합을 양이온 중합이라 하고, 탄소 음이온 또는 amide ion($^-NH_2$)에 의해 개시반응을 일으키는 것을 음이온 중합이라 한다.

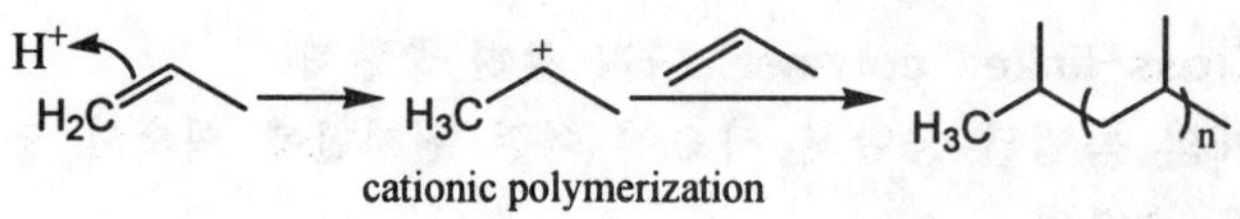

cationic polymerization

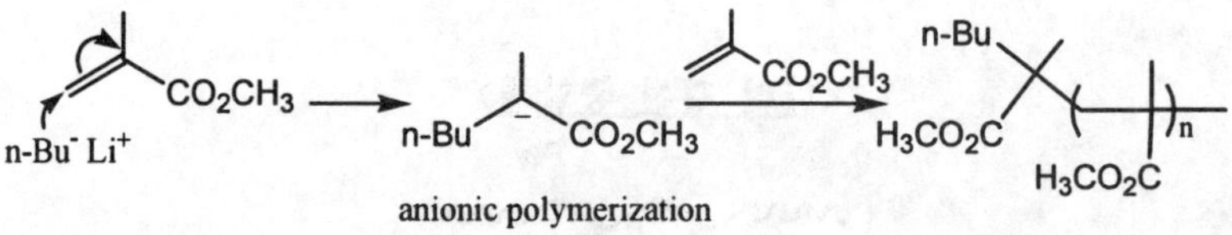

anionic polymerization

9-16 Group transfer polymerization; 기 전달 중합

곁사슬 구조에 카르보닐이나 니트릴 기를 함유한 비닐 단위체들을 용액 중합시키는 방법으로 트리메틸실릴 기[$Si(CH_3)_3$-]가 성장하는 고분자 사슬 끝에 존재하는 카르보닐이나 니트릴 기로부터 사슬 끝에 비닐기가 동시에 들어오는 단위체의 카르보닐(또는 니트릴) 곁사슬 기로 이동하는 중합.

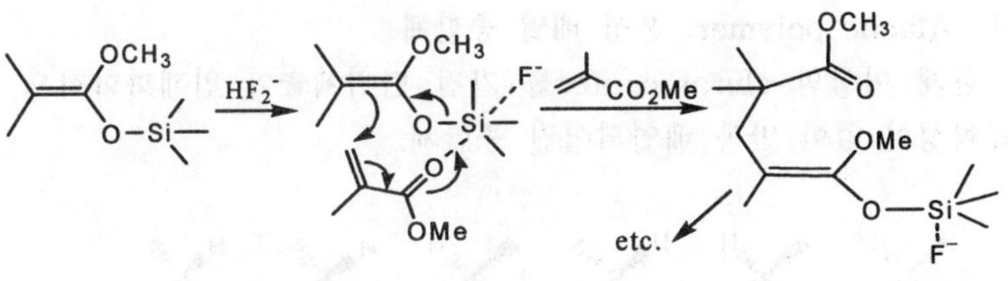

9-17 Living polymer; **생 중합체**

연쇄반응에서 종결단계에 이르지 않는 조건하에서 형성된 이온 중합체로서 단위체를 조금씩 첨가하는데 따라 중합이 계속되는 결과를 얻을 수 있다. 이것은 주로 잘 조절된 음이온 중합 조건하에서 생성되며 불순물이 첨가되면 즉시 종결단계를 거쳐 사라진다.

9-18 Tactic polymer; **입체 규칙성 중합체**

한개 이상의 chiral center를 가진 단위체들이 입체 화학적으로 규칙적인 반복 배열을 이루는 중합체의 총칭.

9-19 Isotactic polymer; **동일 배열 중합체**

오직 한개의 chiral center를 가진 단위체들이 입체 화학적으로 규칙적인 반복 배열을 이루는 중합체.

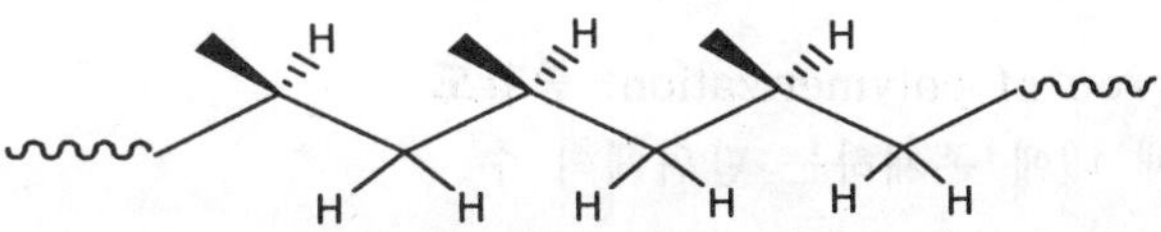

9-20 Syndiotactic polymer; **교대 배열 중합체**

서로 거울상 이성질체들이 한쌍으로 규칙적인 반복 배열되어진 중합체. (구조적 배열이 교대로 엇갈린 형태)

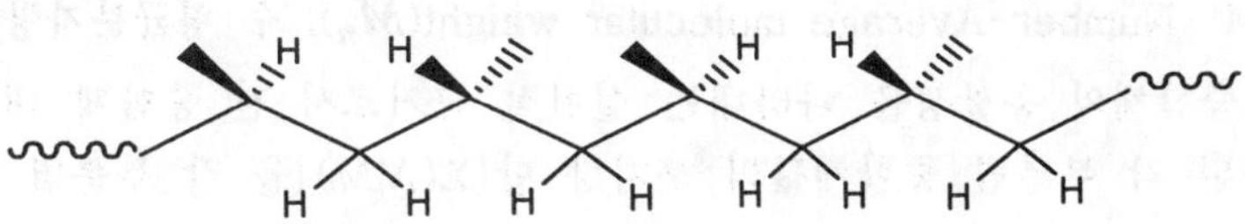

9-21 Atactic polymer; 혼성 배열 중합체

한개 이상의 chiral center를 가진 단위체들이 입체화학적으로 규칙성이 없이 반복 배열되어진 중합체.

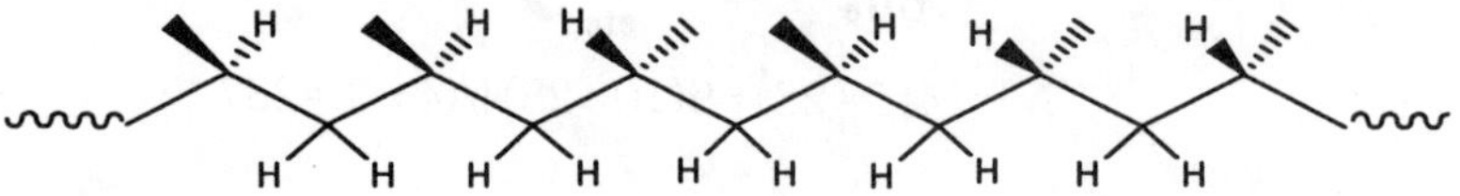

9-22 Coordination polymerization; 배위 중합반응

Et_3Al:$TiCl_4$ (Ziegler-Natta catalyst)처럼 금속 배위 착물을 이루고 있는 촉매는 olefin과 π-배위 결합하여 곁가지가 없는 입체규칙적인 isotactic polymer를 생성하는 중합반응.

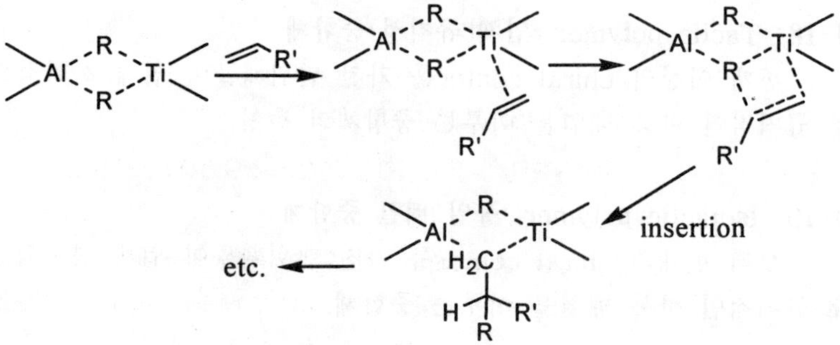

9-23 Degree of polymerization; 중합도

중합체 내에 존재하는 단위체의 수.

(예) polyethylene,$[-(-CH_2-CH_2-)_n-]$에서 n을 중합도라고 지칭한다.

9-24 Number-Average molecular weight($\bar{M}_n$); 수 평균분자량

중합체의 총괄성을 나타내는 실천적 근거로서 전 중합체 내에 함유된 각 부분별 중합체들의 분자량 합[$\Sigma(N_iM_i)$]을 각 부분별 중합체들의 몰 수 합[$\Sigma(N_i)$]으로 나눈 값.

(예) polyethylene 시료가 5 단위체로 구성된 것 4 몰과 10 단위체로 구성된 것 9 몰로 이루어졌다면, (ethylene의 분자량=28)

$$\bar{M}_n=\Sigma(N_iM_i)/\Sigma(N_i)=[4(5\times28)+9(10\times28)]/(4+9)=237.$$

9-25 Weight-Average molecular weight($\bar{M}_w$); 무게 평균분자량

실험적으로 광 산란 기법에 의해 얻을 수 있으며 광 산란의 세기는 부분별 질량의 제곱에 비례한다는 사실에 근거를 두고 있다.
따라서 각 부분별 중합체들의 $\Sigma(N_iM_i)^2$을 부분별 분자량의 합[$\Sigma(M_i)$]으로 나눈 값으로 정의한다.

* 9-24의 (예)에서, $\bar{M}_w=\Sigma(N_iM_i)^2/\Sigma(M_i)$

$$=[4(5\times28)^2+9(10\times28)^2]/[4(5\times28)+9(10\times28)]=255.$$

9-26 Low-density polyethylene; 저 밀도 폴리에틸렌

가지달린 폴리에틸렌으로서 약 115℃에서 녹고 밀도는 0.91~ 0.94 g/cm^3 이며, 가지는 주 사슬만큼 길거나, 또는 1~4개 탄소 원자로 이루어져 있다. 전체적으로 1000~3000개의 원자들로 구성되어진 폴리에틸렌을 지칭.

9-27 High-density polyethylene; 고 밀도 폴리에틸렌

거의 긴 사슬형 폴리에틸렌으로서 약 135℃에서 녹고 밀도는 0.95~0.97 g/cm^3 이며, <u>Ziegler-Natta</u> 촉매반응으로 얻어진다.

* 저 밀도 폴리에틸렌 보다 장력이 높고 견고성이 좋다.

9-28 Nylon; 나이론

<u>ε-Caprolactam</u>을 가열하여 <u>개환 중합</u>반응(9-6, 참조), 또는

6-aminohexanoic acid의 축합반응, 또는 hexanedioic acid와 1,6-diaminohexane의 공중합으로 얻을 수 있다. 가는 섬유로 뽑을 수 있기 때문에 합성 섬유로 많이 사용되어진다.

* 아미드(amide)구조로 연결되어 있으므로, polyamide 계열이다.

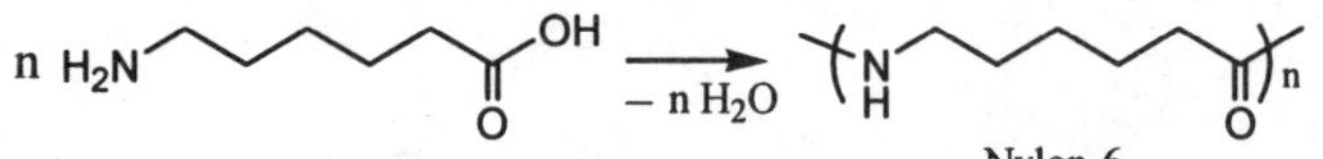

Nylon-6

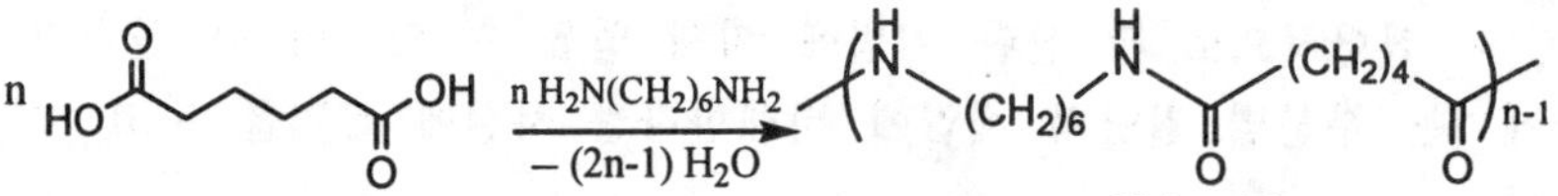

Nylon-6,6

9-29 Plastics; **플라스틱**

열이나 압력에 의해서 어떤 형태로 가공되어진 중합체. 여기에 첨가물이 적절히 가미된 것을 수지(resin)라고 한다.

9-30 Plasticizer; **가소제**

중합체의 유연성과 가동성(workability)을 증가시키기 위해 첨가된 화합물로서, 비교적 안정한 비휘발성 물질.

9-31 Thermoplastics; **열 가소성 플라스틱**

가열과 냉각에 따라 물러지기도 하고, 딱딱해지기도 하는 프라스틱. 이러한 중합체는 단일 가닥 또는 선형이고 유기 용매에 잘 녹는다.

9-32 Thermosetting plastics; **열 경화성 플라스틱**

거의 영구적으로 딱딱한 플라스틱으로서, 가열에 의한 변형이 불가능하다. 이러한 것은 일반적으로 망상형 중합체이고 열에 강하며 유기 용매에 잘 녹지 않는다.

<열 경화성 플라스틱>

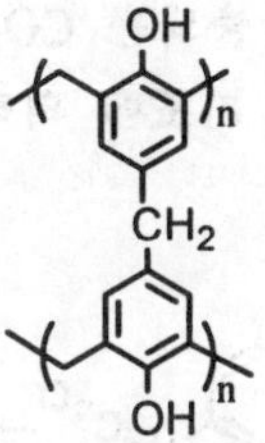

Bakelite

(condensation polymer of phenol and formaldehyde.)

9-33 Epoxy resin; 에폭시 수지

Dihydroxy 화합물인 2,2-bis(*p*-hydroxyphenyl)propane[일명, bisphenol A]과 과량의 epichlorohydrin의 축합 중합에 의해 생성된 비교적 낮은 분자량의 중합체.

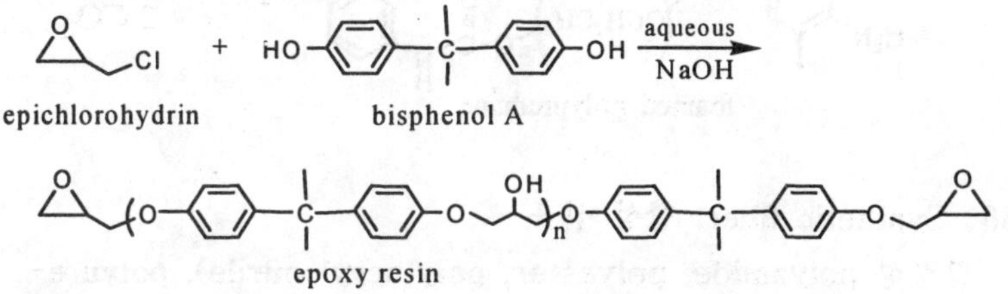

9-34 Silicone; 유기 규소 중합체

Silicon은 4A족에 속하는 Si원자를 말하고, silicone은 유기 규소 중합체의 일반 명으로서 Si-O-Si 결합 구조를 가지고 있다.

* 이것은 발수성이 있어서 방수제품으로 많이 쓰이고 고온에서도 안정한 상태를 유지한다.

9-35 Foamed polyurethane; 거품형 폴리우레탄

isocyanate가 가수분해 되면 카르밤 산(carbamic acid)을 생성하는데 이것을 가열하면 아민을 생성하면서 CO_2가 방출된다.

$$R\text{-}N{=}C{=}O + H_2O \longrightarrow \underset{(\text{카르밤산})}{R\text{-}NH\text{-}COOH} \underset{(\text{가열})}{\longrightarrow} RNH_2 + CO_2$$

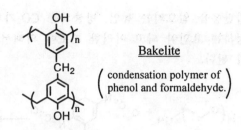

따라서 dihydroxy polymer와 2,5-diisocyanatotoluene의 첨가 중

합반응을 일으키는 동안, 방출되는 CO_2기체가 거품형 중합체를 형성하는 요인이 되고 이러한 기포에 의해서 해면상(스폰지 형) 구조가 된다.

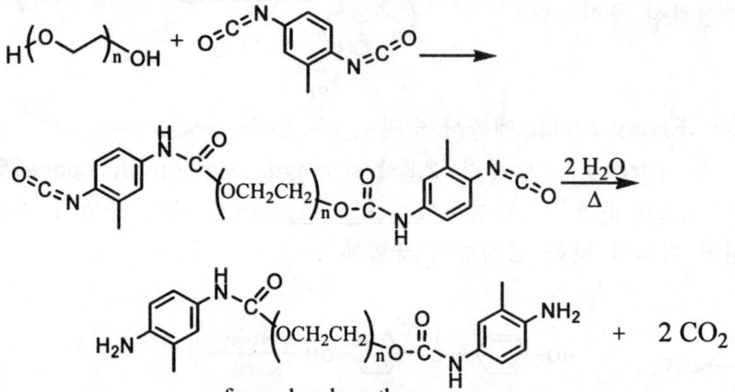

foamed polyurethane

9-36 Synthetic fiber; 합성 섬유

결정성 polyamide, polyester, poly(acrylonitrile), polyurethane, polyethylene, polyvinyl계 등을 섬유로 방적되어질 수 있는 중합체.

9-37 Elastomer; 탄성 중합체

고무처럼 탄성을 나타내는 중합체의 총칭.

9-38 Elastomeric fiber; 탄성 섬유

탄성을 나타내는 섬유.

* polyurethane계의 섬유로서 상품명으로 스판덱스(spandex)로 판매되고 있다.

9-39 Synthetic rubber; 합성 고무

디엔(diene) 또는 olefin으로 부터 첨가 중합되어진 고무 성질을 가진 중합체.

* SBR은 styrene과 1,3-butadiene이 무게비로 1:3의 비율로 라디

칼 공중합으로 만들어진다.

SBR: [Styrene-Butadiene Rubber의 약어]

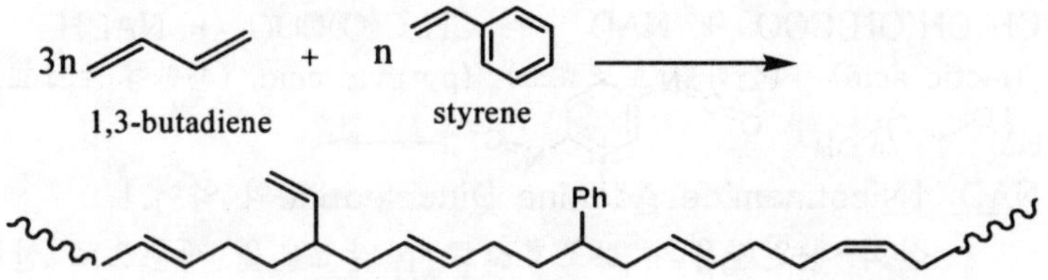

<SBR 구조의 일부분>

9-40 Poly(phosphazene); 폴리 포스파젠

대표적인 무기 고분자로서, PCl_5과 NH_4Cl을 가열하면 6각 고리형 phosphazene이 생성되는데 이것을 진공 하에서 250℃로 가열하여 얻는 개환 중합체.

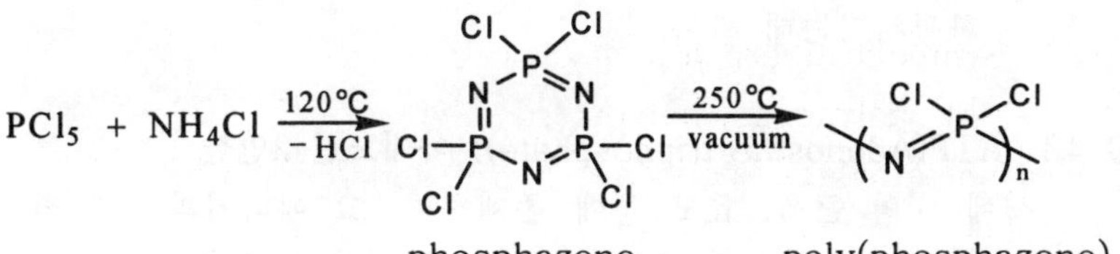

* 이것은 저온 탄성체, 생체 물질, 고분자 의약품, 수화겔, 액정, 불연성 섬유, 전기 반도체 등 활용도가 높다.

9-41 Biomimetic synthesis; 생 유사 합성

효소의 도움 없이 순전히 유기 시약만을 사용하여, 생합성을 흉내 낸 천연물 합성.

9-42 Coenzyme; 보조효소

효소 단백질과의 결합이 약하며 가역적으로 해리하는 비 단백질 성분으로, 이것 자체만으로는 효소작용을 발휘하지 못하므로 다양한 효소와 약하게 결합하여 산화, 환원, 탈 카르복시 반응 등

과 같은 화학적 변환에 효과적인 역할에 도움을 주는 비교적 단순한 물질(비타민, 누클레오티드 등).

$CH_3CH(OH)COO^- + NAD \longrightarrow CH_3C(O)COO^- + NADH$
(lactic acid) (산화형 보조효소) (pyruvic acid) (환원형 보조효소)

* NAD: [Nicotinamide Adenine Dinucleotide의 약어.]
 산화-환원반응의 보조효소로서 알코올을 케톤으로 산화시키는데 관여한다. 이것의 환원형은 NADH.
* NADP: [NAD Phosphate의 약어.]
 산화-환원반응을 일으키는 보조효소의 일종.
* FAD: [Riboflavin Adenosine Diphosphate의 약어.]
 산화-환원반응의 보조효소 일종으로 thiol(-SH)을 산화시켜 disufide(-S-S-)로 변환시키는데 관여.
 이것의 환원형 $FADH_2$는 disufide(-S-S-)를 thiol(-SH)로 환원시키는데 관여.

9-43 ATP(Adenosine triphosphate); 아데노신 3인산

생체 내의 근육, 효모 등에 존재하며, 고 에너지의 2개 인산 결합을 가지고 단백질, 당류 및 지방질의 대사에 관여하는 보조효소. <$C_{10}H_{16}O_{13}N_5P_3$>

* ADP(Adenosine diphosphate); 아데노신 2인산:
 고 에너지의 1개 인산 결합을 가진 보조효소. 생화학 반응에서는 1개의 인산과 결합하여 ATP로 된다.
* AMP(Adenosine monophosphate); 아데노신 1인산:
 아데노신의 인산 에스테르로서 리보 핵산을 구성하는 누클레오티드의 일종.

9-44 Nucleoside; 누클레오시드

Purine염기 (아데닌 또는 구아닌)나 pyrimidine염기 (시토신, 티민,또는 우라실)가 당과 glucoside 형으로 결합한 화합물.

9-45 Nucleotide; 누클레오티드

Nucleoside의 당 부분이 인산 에스테르 형으로 결합 형성하고 있는 물질의 총칭.

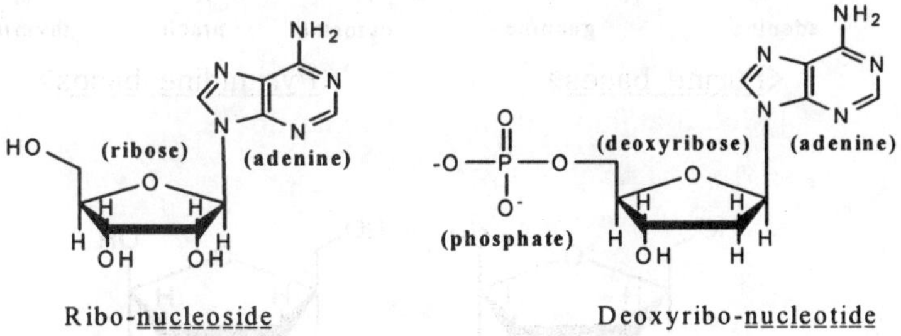

9-46 Nucleic acid; 핵산

세포핵 중에 존재하는 산성 물질이라는 뜻으로 붙여진 이름으로서, 리보 핵산(RNA)과 데옥시리보 핵산(DNA)의 2 종류가 있다. 핵산은 5각형 고리 당(pentose)과 염기와 인산으로 이루어진 nucleotide의 고분자(중합체).

* DNA: [Deoxyribose Nucleic Acid의 약어] 이의 구조는 두 가닥의 누클레오티드가 한쪽 머리를 다른쪽 꼬리에 대고 서로 감겨서 생긴 이중 나선(double helix)형을 이루고 있으며, 세포핵의 염색체에서 발견되는 것으로 유전자의 본체를 이루고 있다. [여기에 포함되는 염기는 adenine, guanine, cytosine, thymine이고 당은 ribose(pentose 당)의 2번-탄소위치에 있는 OH 대신에 H로 치환된 2-deoxyribose를 말한다.]

  [영국의 Watson과 Crick에 의해 구조가 밝혀짐.]
* RNA: [Ribose Nuleic Acid의 약어] DNA 구조와 유사하며, 세포 전체에 분포되어 있으며 유전자의 형질 발원인 단백질의 생합성에 관여한다. [여기에 포함되는 염기는 adenine, guanine, cytosine, uracil이고 당은 ribose(pentose 당)을 말한다.]

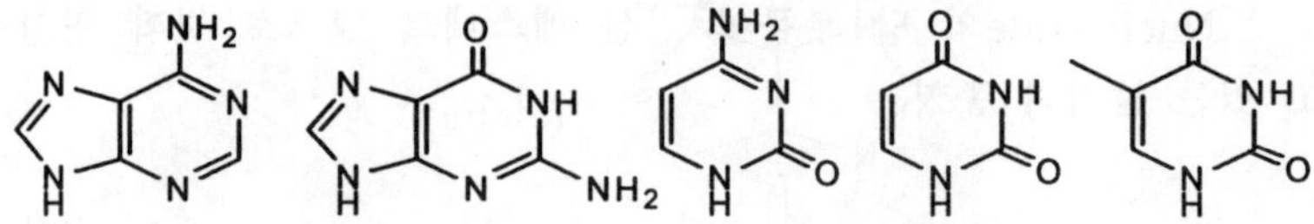

adenine guanine cytosine uracil thymine

<Purine bases> <Pyrimidine bases>

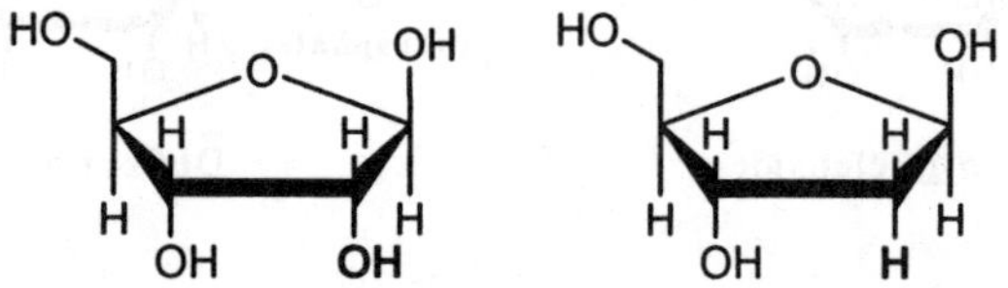

Ribose 2-deoxyribose

<Pentose 당>

9-47 Coenzyme A; 보조효소 A

카르복시 산을 활성화시키는 보조효소.

* Coenzyme A의 A는 Acylation(아실화 반응)의 약어.

9-48 Lipoic acid; 리포 산

Thioctic acid (티옥트 산)과 동의어.

반응성이 강한 2개의 황을 포함하는 5각 고리형 카르복시 산으로서, 수소-전달과 아실기-전달 보조효소의 기능을 둘 다 수행한다.

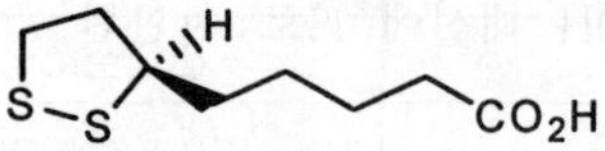
(Lipoic acid)

9-49 Biotin; 비오틴

카르복시화(carboxylation)/탈 카르복시화(decarboxylation) 반응에서 활성화된 CO_2의 전달을 수행하는 고리형 우레아(urea)구조를 가진 보조효소.

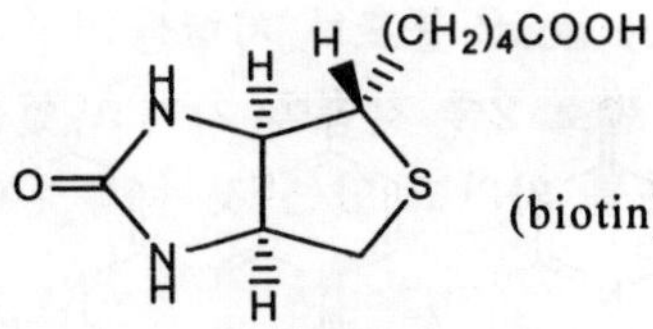

(biotin)

9-50 L-Ascorbic acid; L-아스코르브 산
(Vitamin C; 비타민 C)

탄수화물 대사물질로서 이것의 결핍은 괴혈병을 유발한다.

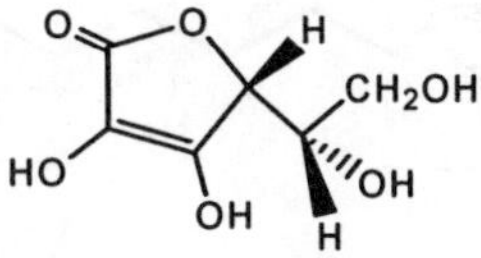

<Vitamin C (L-ascorbic acid)>

9-51 Saturated fatty acid; 포화 지방산

탄소-탄소 단일 결합만을 가지고 있는 지방산으로 동,식물 내에 모두 존재한다.

$CH_3(CH_2)_nCOOH$ (포화 지방산의 일반식)

n	관습명	IUPAC* 명
2	butyric acid	butanoic acid
4	caproic acid	hexanoic acid
6	caprylic acid	octanoic acid
8	capric acid	decanoic acid
10	lauric acid	dodecanoic acid
12	myristic acid	tetradecanoic acid
14	palmitic acid	hexadecanoic acid
16	stearic acid	octadecanoic acid
18	arachidic acid	eicosanoic acid

*, IUPAC [International Union of Pure and Applied Chemistry]:
화학용어 제정 등 화학에 관련된 제반 업무를 국제적으로 총괄하는 기구.

9-52 Unsaturated fatty acid; **불포화 지방산**

하나 이상의 탄소-탄소 2중 결합을 가지고 있는 지방산. 이 때, (*Z*)-alkene 구조를 가지고 있는 것이 특징이다.

* Essential fatty acid(필수 지방산): linoleic acid와 관련된 폴리 불포화 지방산으로, 동물체 내에서는 만들어지지 않으므로 음식물로 섭취되어야 하는 polyunsaturated fatty acid.

<Linoleic acid의 구조>

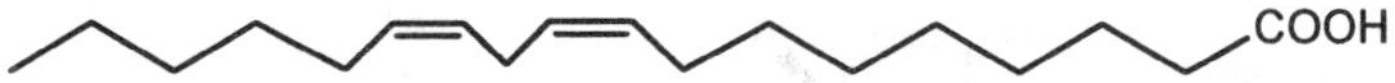

9-53 Polyketide; **다중 케톤 화합물**

β-위치에 ketone기가 반복 배열되어진 중합체.

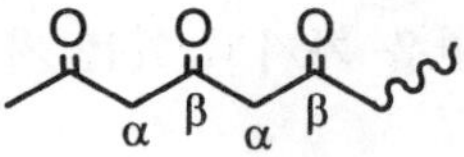

9-54 Macrolide; **메크롤리드**

다양한 작용기들을 함유한 거대 고리분자.

9-55 *in vivo* ; **생체 내**

생체 내 세포의 도움으로 생화학적 변환이 수행되어지는 것을 지칭. (영어명: in life)

9-56 *in vitro* ; **생체 외**

생체 내 세포의 도움 없이 생화학적 변환이 수행되어지는 것을 지칭. (영어명: in glass)

따라서 적절한 효소를 포함한 무세포 추출물이나 유기 시약으로 실험실에서 화학적 변환을 수행할 때 쓰이는 용어.

9-57 Lignan; 리그난

Coniferyl alcohol의 C_6-C_3 단위에서 allylic alcohol 부분이 phenolic coupling(페놀 짝짓기)에 의한 이합체(dimer).

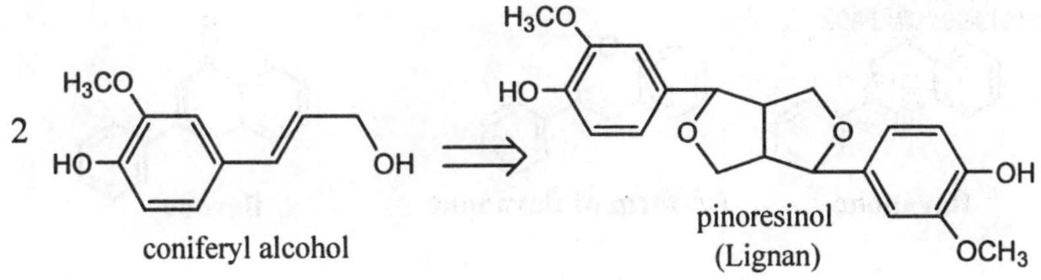

* Phenolic coupling (페놀 짝짓기): 페놀성 물질의 산화성 2분자 축합반응.

페놀에서 전자 2개가 떨어져 나가 (산화) phenoxyl 양이온이 되고 이것이 phenol분자와 반응하여 dimer를 생성하는데, (1) 탄소-탄소 결합 형식, (2) 탄소-산소 결합 형식이 있다.

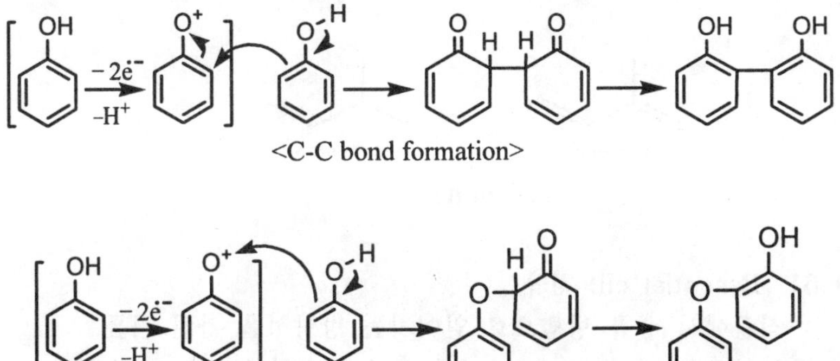

<C-C bond formation>

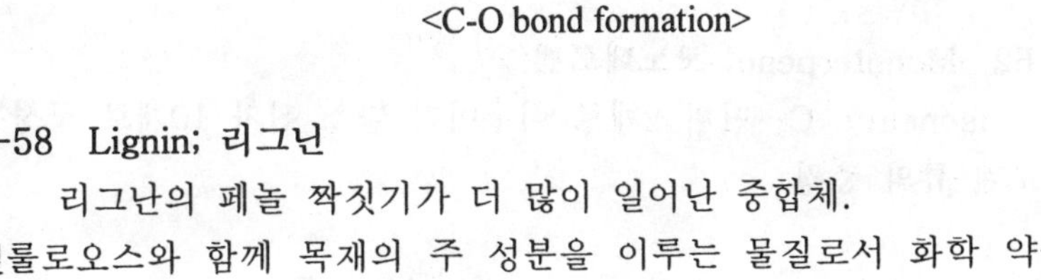

<C-O bond formation>

9-58 Lignin; 리그닌

리그난의 페놀 짝짓기가 더 많이 일어난 중합체. 셀룰로오스와 함께 목재의 주 성분을 이루는 물질로서 화학 약품들에 안정하다.

9-59 Flavonoid; 플라본 류

Phenylbenzopyran의 기본 골격을 가진 물질들의 총칭. 식물 대사물질과 식물 염료로 개발되고 있다.

<benzopyran part>

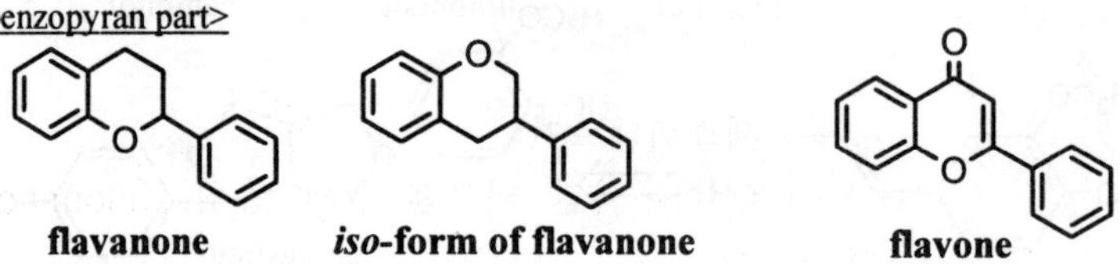

flavanone **_iso_-form of flavanone** **flavone**

9-60 Terpene; 테르펜

식물 정유에서 얻어지는 유기 화합물들 중에서 탄소수가 5의 배수인 물질. 즉 5n(n≧2)이고, 생합성에서는 isoprene 또는 isopentane으로부터 구성된 전구물질(precursor)에서 유래된 화합물들의 총칭.

* 전구물질: 특정물질을 구성하는데 중요한 모체가 되는 전 물질.

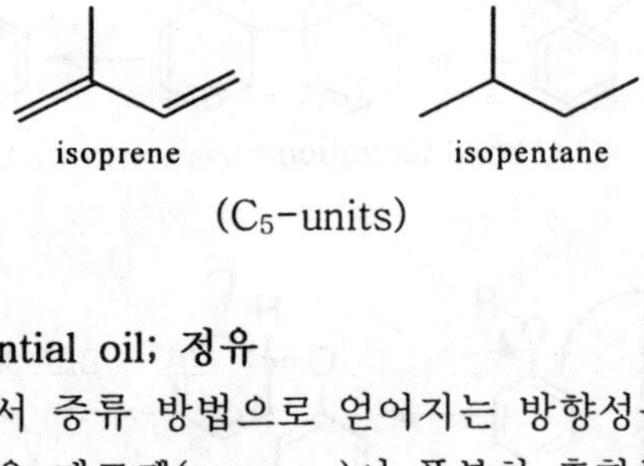

isoprene isopentane

(C_5-units)

9-61 Essential oil; 정유

식물에서 증류 방법으로 얻어지는 방향성을 가진 기름. 이러한 기름은 테르펜(terpene)이 풍부한 혼합물이다.

9-62 Monoterpene; 모노테르펜

isopentyl C_5-단위 2개로 이루어진 탄소 원자 10개로 구성된 테르펜 류의 총칭.

(예) geraniol, menthol, limonene, camphor 등.

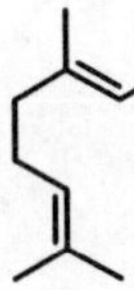

geraniol

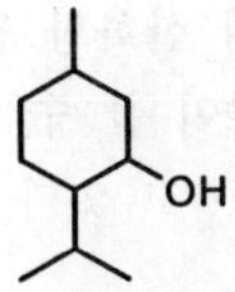

menthol

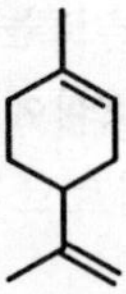

limonene

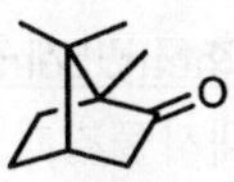

camphor

9-63 Sesquiterpene; **세스퀴테르펜**

탄소 원자 15개로 이루어진 테르펜 류의 총칭. (isopentyl C_5-단위 3개로 이루어짐.)
여러 가지 식물에서 분리되며 독특한 향기가 있고 생리적으로 유용한 작용을 한다. (예) farnesol, santonin(구충제) 등.

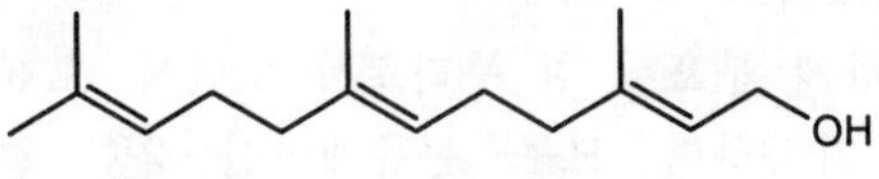

farnesol

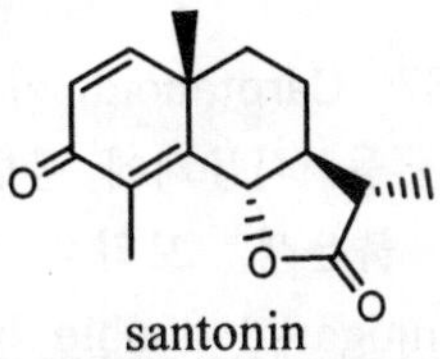

santonin

9-64 Pheromone; **페로몬**

자연계에서 생물체들 사이에 전달체 역할을 하는 화학물질. 그리스어의 *pherin*(to transfer)과 *hormone*(to excite)의 약성어로서 isopentyl C_5-단위로 이루어진 테르펜 계열 물질이다.

* 성 페로몬[sex pheromone(sex attractant: aggregation pheromone)]; 곤충의 짝짓기 목적으로 상대 성을 유인하는 역할.
  경보 페로몬(alarm pheromone): 위험성을 미리 경보하여 대비하는 역할.
  추적 페로몬(trail pheromone): 곤충의 식량원에 이르는 경로의 흔적을 남겨 식량 회득 루트를 확보하는 역할.

9-65 Triterpene; **트리테르펜**

isopentyl C_5-단위 6개로 이루어진 탄소 원자 30개로 구성된 여러 고리형 탄화수소 또는 그의 산화형 동족체.
(특히 호르몬 계통의 구조식에서 많이 볼 수 있다.)

9-66 Squalene; 스콸렌

비 고리형 triterpene 류로서 steroid나 여러 고리 테르펜의 생합성에 관여한다.

<6- isopentyl units>

Squalene ($C_{30}H_{50}$)

9-67 Carotenoid; 카로테노이드

동, 식물계에 광범위하게 분포된 한 무리로서 노란색, 오렌지색, 붉은색, 보라색 등 다양하며 모두 콘쥬게이션 2중 결합(conjugated double bond)을 지닌 polyene(다중 2중 결합)구조를 이룬 polyene 색소의 총칭.

* β-Carotene(베타-카로텐): β-Carotin(베타-카로틴)이라고도 하며 당근, 고추, 녹엽 등에 들어 있으며 vitamin A의 중요한 전구물질이다.

9-68 Steroid; 스테로이드

수소화된 1,2-cyclopentanophenanthrene 골격을 가진 화합물의 총칭. Cholesterol(콜레스테롤), hormone(호르몬) 등의 주 성분 구조로 알려져 있다.

<스테로이드의 기본 골격>

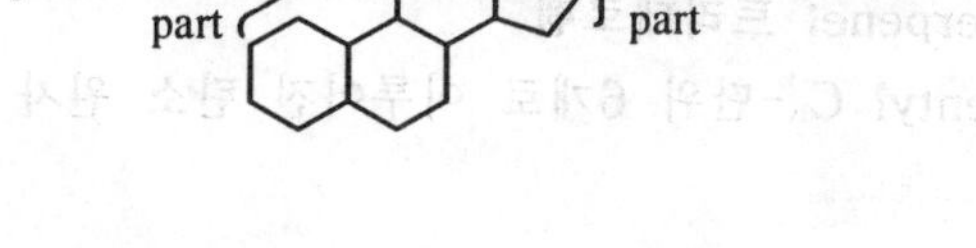

9-69 Steroid hormone; **스테로이드 호르몬**

동물 호르몬의 기능을 가진 스테로이드 류.

* Testosterone(테스토스테론): 남성 호르몬(male sex hormone 또는 androgenic hormone),
Estrone(에스트론): 여성 호르몬(female sex hormone),
Ecdysone(엑디손): 곤충 탈피 호르몬(insect molting hormone)

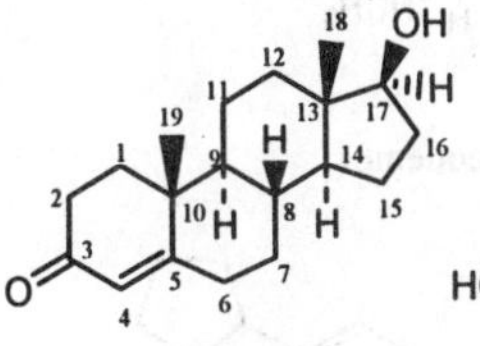

testosterone

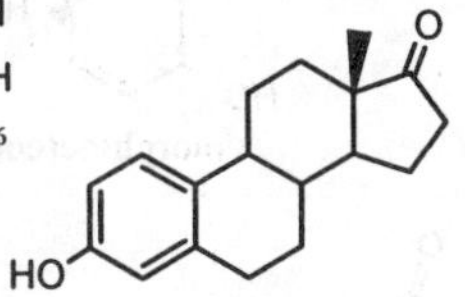

estrone

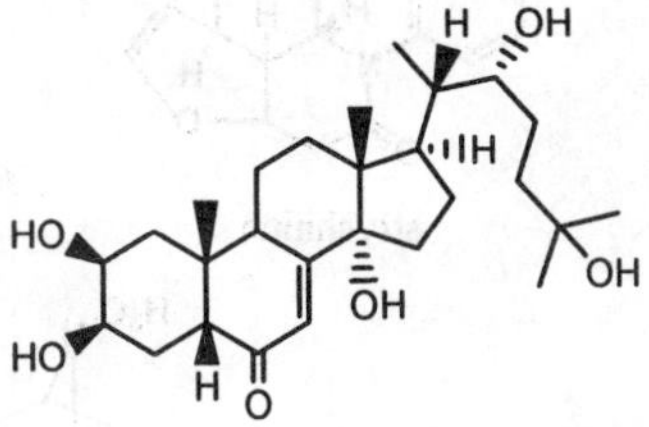

ecdysone

9-70 Homotestosterone; **호모 테스토스테론**
19-Nortestosterone; **19-노르테스토스테론**
9,10-Secoergosterol; **9,10-세코에르고스테롤**

Homo 접두어는 이미 알려진 스테로이드 구조 골격에 탄소 하나가 더 첨가되어 유사한 새 골격을 이룰 때 쓰이고,
19-nor 접두어는 testosterone의 19번 탄소에 있는 메틸 기가 빠져나간 형태로서 19-는 빠져나간 탄소 번호를 지칭하며,
9,10-seco 접두어는 ergosterol 고리 구조의 9, 10번 C-C결합이 끊어진 상태를 지칭한다.

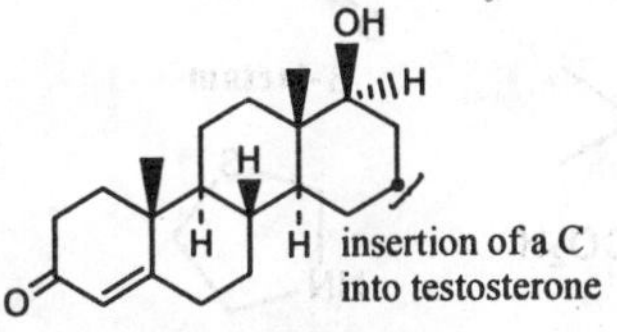

Homotestosterone

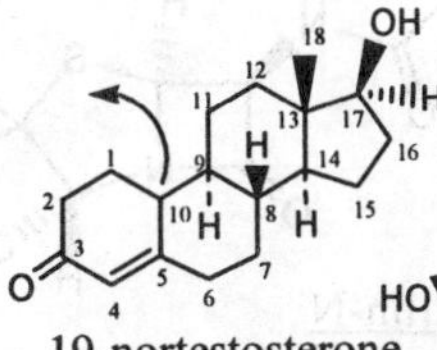

19-nortestosterone

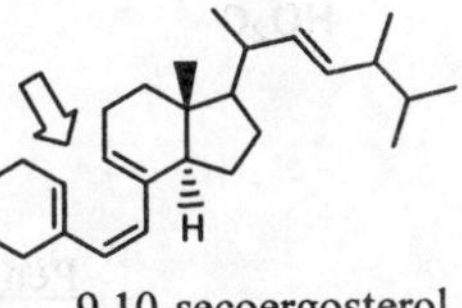

9,10-secoergosterol

9-71 Alkaloid; 알칼로이드

식물체 내에 존재하는 질소 원자를 함유하는 염기성 물질로서 중요한 생리작용 및 약리작용을 하는 물질.

(예) Strychnine, morphine, codeine, cocaine, nicotine 등.

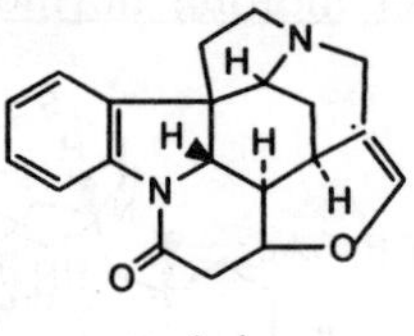

strychnine

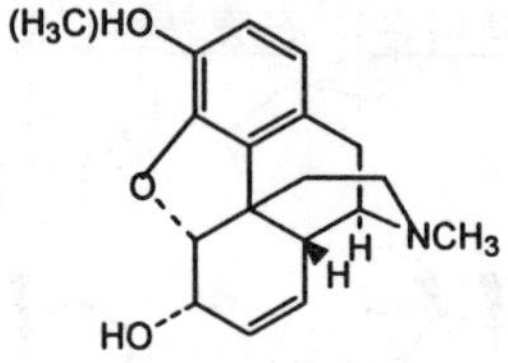

morphine(codeine)

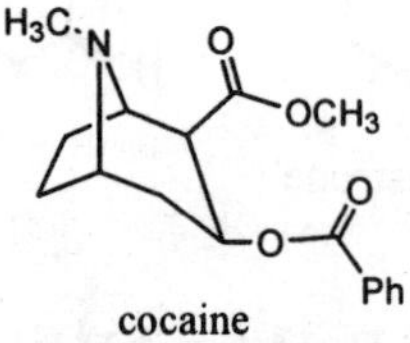

cocaine

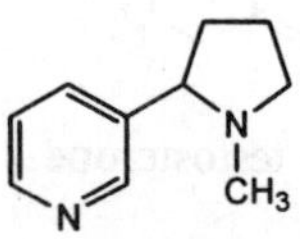

nicotine

* Alkaloid reagent(알칼로이드 시약): 알칼로이드 용액과 작용해서 특수한 침전을 일으켜 알칼로이드 검출에 이용되는 시약.

9-72 Penicillin; 페니실린

푸른 곰팡이 등에서 생성되는 항생물질로서 β-lactam 4각 고리에 thiazolidine 고리가 접합된 구조.

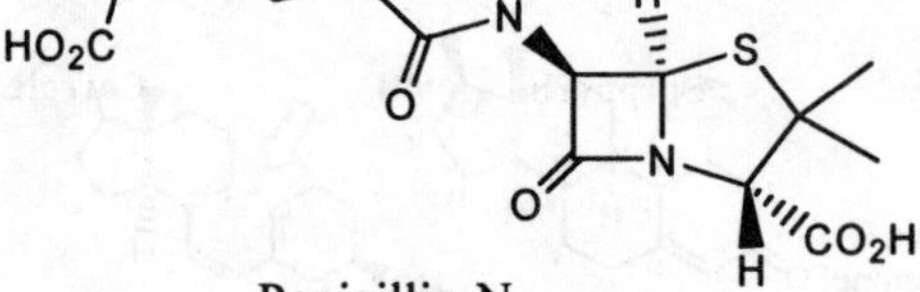

Penicillin-N

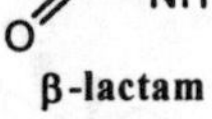

β-lactam

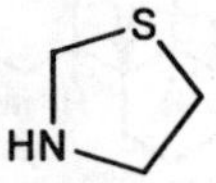

thiazolidine

9-73 Cephalosporin C; 세팔로스포린 C

비교적 잘 알려진 항생제로서 β-lactam 4각 고리에 *6H* -1,3-thiazine 고리가 접합된 기본 골격 구조로서 penicillin sulfoxide의 자리옮김 반응으로 얻어질 수 있다.

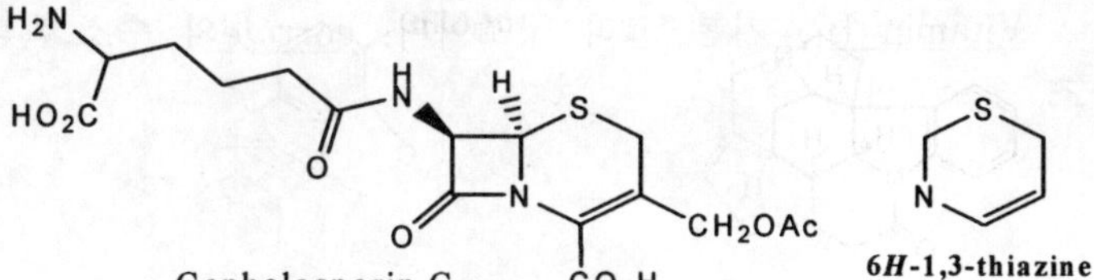

Cephalosporin C　　*6H*-1,3-thiazine

9-74 Porphyrin; 포르피린

17각형 방향족(18 π-전자)고리 배열을 이루며, 4개의 피롤 구조를 포함하고 있는 화합물로서 호흡, 광합성 등에 중심적인 역할을 한다. 고리 중심에 Fe^{2+} 이온과 착물을 이루고 있는 포르피린 유도체에는 hemoglobin, cytochrome 등이 있으며, Mg^{2+} 이온과 착물을 이루고 있는 것은 chlorophill이 있다.

* Corrole(코롤): porphyrin 구조에서 meso 탄소 원자 하나가 배제된 구조

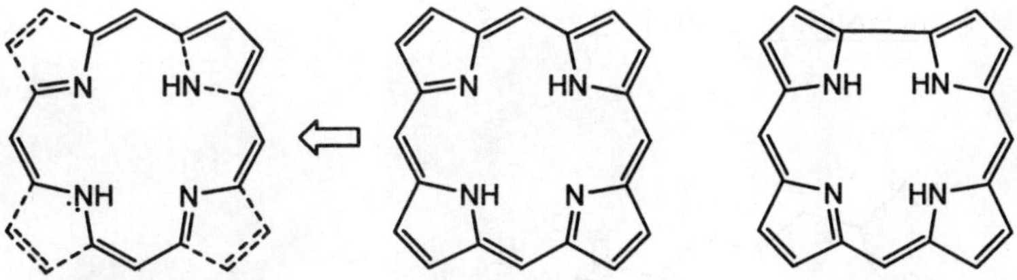

17-membered ring of Porphyrin　　Porphyrin　　Corrole

* Hemoglobin(헤모글로빈; 혈색소): 적혈구의 주요 성분으로 붉은 색의 단백질로서 동물의 호흡에 관여하는 산소 운반체.

* Cytochrome(시토크롬): 식물의 세포 호흡에 관여하는 색소 단백질.
* Chlorophill(클로로필; 엽록소): 식물의 광합성에 관여.

9-75 Corrin; 코린

Vitamin B_{12} 기본 고리 구조이며, corrole의 수소화(환원)된 구조.

가득차면 반드시 망하고,
겸허하면 반드시 존경받는다. -다산 정약용-

제 10 장
공업화학과 유기금속 화합물
(Industrial Chemistry and Organometallic Compound)

제 10 장

공업화학과 유기금속 화합물
(Industrial Chemistry and Organometallic Compound)

10-1 Crude oil; **원유**

땅으로부터 뽑아낸 미처리된 석유로서 다양한 탄화수소의 혼합물. 양을 나타내는 단위는 주로 <u>barrel(베럴)</u> [barrel/42 gallon]을 사용한다.

* 원유의 끓는 온도범위에 따라 여러 부분으로 분별 증류하여 용도에 맞게 이용된다.

끓는점(℃)	**부분별 명칭**	**탄소 수**
<10	* LPG(액화 석유가스)	1~4
30~180	나프타(naphtha), 휘발유(gasoline)	4~10
150~260	등유(kerosine or kerosene)	9~16
180~400	디젤유(diesel oil), 경유(gas oil), 중유(bunker A or C),	15~22
>400 잔여물	윤활유(lubricating oil), 아스팔트(asphalt)	20~30 >25

* <u>LPG</u> [liquefied petroleum gas의 약어]; propane과 butane의 혼합기체를 -45℃ 이하로 액화시킨 것.

10-2 Sweet crude oil; **저유황 원유**
Sour crude oil; **고유황 원유**

황 화합물이 비교적 적은 (<0.1%) 원유를 sweet crude oil (인도네시아산 원유), 황이 비교적 많은 (>1.5%) 원유를 sour crude oil (중동산 원유)이라고 한다.

10-3 Thermal cracking; **열분해**

원유를 가열 분해 시켜(750~900℃) 에틸렌이나 프로필렌과 같은 낮은 분자량을 가진 여러 가지 혼합물을 얻는 과정.

10-4 Zeolite; **제올라이트**

Molecular sieve(분자체)의 일종으로 주로 Al, Na, Ca의 규산염 수화물로서 Na^+ 또는 K^+와 같이 쉽게 교환될 수 있는 이온을 지니고 있어서 물속에 있는 Ca^{2+}, Mg^{2+} 등을 치환하여 물의 연화작용을 일으킨다. 물을 제올라이트로 처리하면 경도(hardness)가 0이 된다. 즉 soft water(단물, 연수)가 된다.

* Ca^{2+}, Mg^{2+} 이온을 상당량 함유한 물을 경수(hard water)라 하고 이러한 이온들이 많을수록 경도는 크고, 관 내부에 비누거품 같은 것이 많이 낀다.

10-5 Catalytic cracking; **촉매 크랙킹**

끓는점이 높은 탄화수소를 제올라이트 촉매를 사용하여 고온(450~600℃), 고압에서 열분해하여 작은 분자량의 물질로 분해하는 것.

10-6 Homogeneous catalysis; **균일 촉매작용**

촉매와 반응물이 하나의 상에서만 반응에 참여하는 촉매작용.

10-7 Heterogeneous catalysis; **불균일 촉매작용**

촉매와 반응물이 서로 다른 상에서 반응에 참여하는 촉매작용. 일반적으로 이러한 촉매반응은 촉매 표면에서 일어나기 때문에 촉매 표면이 클수록 잘 일어난다.

10-8 Dual function(Bifunctional) catalyst; **2작용기 촉매**

한 촉매 내에 두가지 형태의 촉매 기능을 갖추고 있어서 다른 두 반응에 각각 촉매 역할을 동시에 수행하는 물질.

10-9 Fixed bed; 고정 층

정지하고 있는 고체 입자층으로 접촉 면적이 큰 고체 촉매로 사용된다. 일반적으로 반응 기체 또는 액체가 이러한 고정층 위로 뿜어진다.

10-10 Fluidized bed; 유동층

원통형 용기의 밑으로부터 유체를 뿜어 올림으로서 촉매 고체 입자를 위 공간에 부유시켜 고체-유체 간의 접촉을 능률적으로 극대화 시킨 장치.

10-11 Hydrocracking; 가수소 열분해

약 450℃에서, 수소 압력을 150~200기압으로 하여 낮은 분자량의 물질로 분해시키는 촉매 크랙킹 과정.

10-12 Octane number; 옥탄값

휘발류의 노킹 억제(anti-knocking)를 나타내는 지수로서, 옥탄값이 가장 큰(100) isooctane과 옥탄값이 가장 낮은(0) *n*-헵탄(*n*-heptane)의 혼합물을 표준연료로 하여 비교한 값.

* Knocking(노킹): 피스톤 기관의 실린더 안에서 정상적 연소가 폭발적 연소로 변하면서 출력이 떨어지는 현상.

10-13 Reforming; 개질

2 작용기 촉매에 의한 원유의 증류액을 탈 수소화, 이성질화, 가수소 열분해 반응을 적절히 혼용하여 고품질 휘발류를 만드는 것. 즉 옥탄값이 높은 휘발류를 만드는데 목적이 있다.

10-14 Leaded gasoline; 유연 휘발류 (가납 휘발류)

Tetraethyllead (테트라에틸 납 [$Pb(C_2H_5)_4$])을 가한 휘발류. 이것은 옥탄값을 높인다. 즉, 노킹 억제제(antiknock)이다.

* 무연 휘발류(unleaded gasoline): 환경오염을 줄일 목적으로 납

성분을 없앤 휘발류.

10-15 Cetane number; 세탄값

디젤 기관 연료의 노킹 억제(anti-knocking)를 나타내는 지수로서, 세탄값이 가장 큰(100) hexadecane(cetane)과 세탄값이 가장 낮은(0) 1-메틸나프탈렌(1-methylnaphthalene)의 부피 혼합비.

10-16 Natural gas; 천연가스

60~80% 메탄, 5~9% 에탄, 3~18% 프로판, 그리고 2~14% C_4 이상의 탄화수소로 이루어진 자연상태의 혼합기체. 소량의 N_2, CO_2, H_2S 기체도 포함되어있다.

10-17 Liquefied natural gas(LNG); 액화 천연가스

천연가스를 -160℃로 냉각시켜 액화시킨 혼합기체.

10-18 Substitute natural gas(SNG); 대체 천연가스

천연가스와 거의 같은 에너지를 가진 석탄이나, 나프타로부터 얻어진 기체.

10-19 Water-Gas equilibrium; 수성가스 평형

약 1000℃의 수증기(H_2O)를 코크스(C) 위로 통과시켜 생성되는 CO와 H_2의 혼합기체를 수성가스 (water gas)라 하고, 이 반응의 평형상태를 말한다. $C + H_2O \rightleftharpoons CO + H_2$

10-20 Gasohol; 가소올

Gasoline과 Alcohol의 합성어.
부피 비로 gasoline과 ethanol이 9:1의 혼합물.(옥탄값=135)

10-21 Town gas(Coal gas); 도시가스

제한된 공기 공급으로 석탄을 열분해해서 얻어진 혼합기체. H_2, CO, CO_2, N_2, O_2, CH_4(메탄), C_2H_6(에탄), C_2H_4(에틸렌), C_3H_8(프로판), C_3H_6(프로필렌), 등의 혼합기체.

10-22 Organometallic compound; 유기금속 화합물

알킬기나 아릴기의 탄소 원자에 금속(또는 준금속) 원자가 직접 결합되어 있는 화합물.
(그 외, 수소-금속, 탄소-붕소, 탄소-규소 등도 이에 준한다.)
일반적으로 탄소-금속 결합의 특징은 금속이 탄소보다 훨씬 전기음성도가 낮기 때문에 결합의 분극화가 일어나 탄소의 음이온 성질이 강하여 강력한 친핵체(또는 염기)로서 유기반응에 유용하게 쓰인다.

<주로 많이 사용되는 유기금속 화합물들>;

* Organoaluminum compound (유기알루미늄 화합물): 순한 환원제로 많이 쓰인다

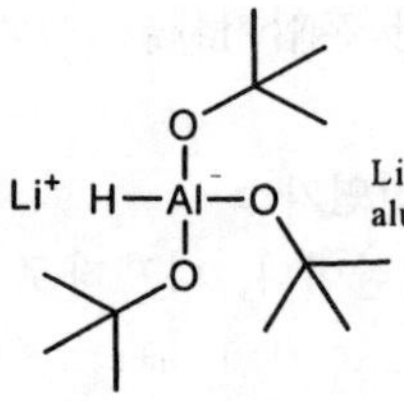

Lithium tri-*t*-butoxy aluminum hydride

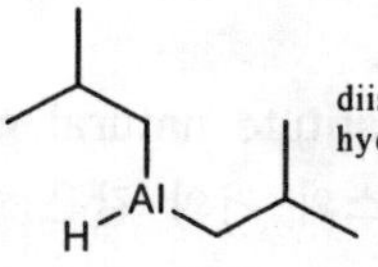

diisobutylaluminum hydride (DIBAH)

* Organolithium compound (유기리튬 화합물): 강력한 친핵체 또는 염기로 사용된다.

CH_3Li (methyllithium), $LiAlH_4$ (lithium aluminum hydride),
$LiN(i\text{-}C_3H_7)_2$ (lithium diisopropylamide)[LDA].
LiH (lithium hydride)

* Organocopper compound (유기구리 화합물): 순한 친핵체.
$(CH_3)_2CuLi$ (lithium dimethylcuprate).

* Organoboron compound (유기붕소 화합물): 순한 친핵체, 또는 친전자체.

$NaBH_4$ (sodium borohydride), BH_3 (borane).

* Organomagnesium compound (유기마그네슘 화합물):
강한 친핵체.
CH_3MgBr (methylmagnesium bromide).
(Grignard(그리냐르) reaction에 사용되는 시약이다.)

* Organomercurous compound (유기수은 화합물): 좋은 환원제.
$Hg(O_2CCH_3)_2$ (mercuric acetate)

* Organosodium compound (유기나트륨 화합물): 강한 친핵체 또는 염기
NaH (sodium hydride), $NaOCH_3$ (sodium methoxide).

10-23 Ligand; 리간드

금속 착물에서 중심 금속 원자에 전자를 제공하여 배위결합을 형성하는 원자(단).

10-24 Chelating ligand; 킬레이트 리간드

중심 금속에 두개 이상의 σ-결합으로 이루어진 배위된 리간드. 두개의 원자와 배위된 리간드를 bidentate(두 자리) ligand라하고, 세 개인 경우는 tridentate(세 자리) ligand, 등이다.

10-25 Bridging ligand; 다리 리간드

한 원자가 적어도 두개의 금속 원자와 동시에 결합한 리간드.

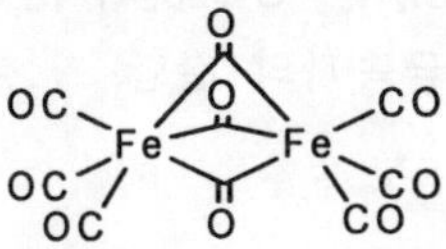
$[Fe_2(CO)_9]$

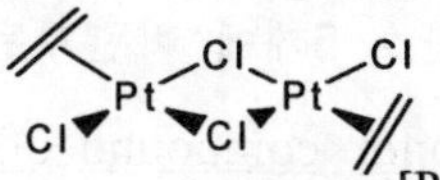
$[PtCl_2(C_2H_4)]_2$

10-26 Organometal π-complex; 유기금속 π-착물

금속과 배위된 화합물(coordination compound)로서, 금속 또는 금속 유사원소를 중심 원자로 하여 여기에 다른 원자(단)가 리간드로 작용하여 결합된 원자 집단.

이 때, π-전자를 가진 olefin이 금속원자의 orbital과 겹침에 의한 것을 π-complex(π-착물)이라고 한다.

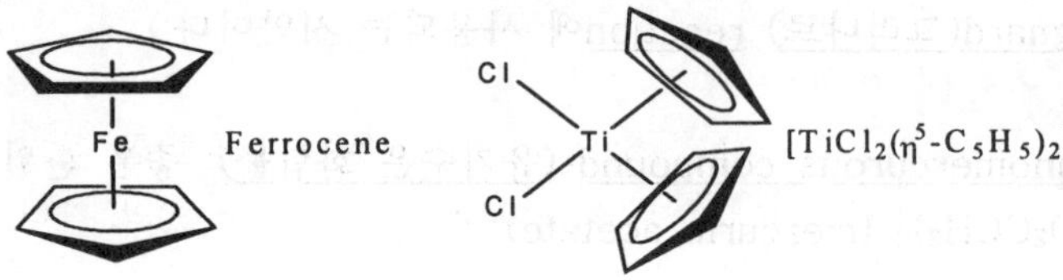

π-complexes

* 이러한 결합에는 두 종류가 있는데,

(1) *d-π** 역결합은 (1-15, 참조) 금속의 채워진 *d*-궤도함수와 리간드의 비어있는 반결합 궤도함수(π*-궤도함수)의 겹침에 의해 π-착물을 이룬 결합.

(2) σ-결합은 olefin의 채워진 π-궤도함수와 금속의 비어있는 *d*- 궤도함수의 겹침에 의해 π-착물을 이룬 결합이 있다.

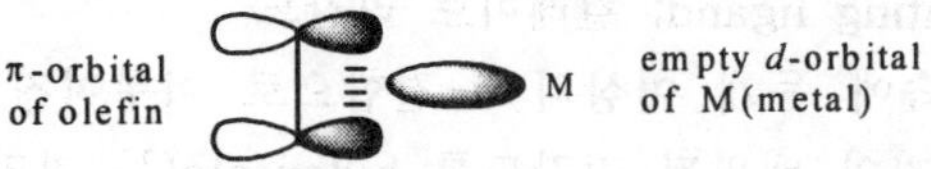

<금속 π-complex에서의 σ-결합>

10-27 Hapto(η); 합토

중심 금속에 결합된 olefin계 리간드의 탄소 수를 나타내는 접두어, η(hapto)로 표기한다. 10-26에서 $TiCl_2(\eta^5-C_5H_5)_2$의 η^5는 π-전자들이 탄소 5개에 비편재된 상태로 Ti 금속과의 결합.

η^1 은 Ti금속이 탄소 하나와 결합됨을 의미하고, η^5 는 π-전자들이 탄소 5개에 비편재된 상태로 Ti 금속과 결합됨을 의미한다.

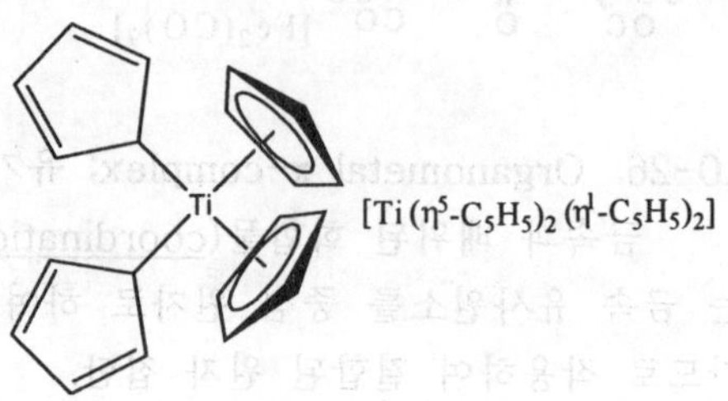

10-28 Effective atomic number(EAN); 유효 원자번호

다른 원자와 화학결합을 하고 있는 한 원자의 핵 주위에 있는 총 전자수를 말하며, 그 원자와 같은 주기에 있는 비활성기체의 전자수(원자번호)와 같다.

(예) H_2O 에서 O의 EAN=10; Ne의 전자수(원자번호)와 같다.
HCl 에서 Cl의 EAN=18; Ar의 전자수(원자번호)와 같다.

10-29 18-Electron rule; 18-전자 규칙

EAN이 36(4주기), 54(5주기), 86(6주기)인 전이금속은 비활성 원소인 Kr(4주기), Xe(5주기), Rn(6주기)과 각각 등전자 관계에 있다. 따라서 *s, p, d* orbital들을 가지고 있으므로 이러한 화합물들은 원자가전자(최외각전자) 수가 18이면 완전히 채워져 안정한 화합물이($d^{10}s^2p^6$) 된다. 그러므로 착물에서의 전이금속은 18개의 원자가전자 수를 가지고자 하는 경향이 있는 규칙.
(주족원소에서의 화학결합은 8의 규칙(octet rule)이 적용.)

* 착물에서 중심 금속의 EAN =
(금속의 원자번호+리간드에서 배위된 전자수)-금속의 산화수

(예)
$Fe(CN)_6^{4-}$에서 Fe의
EAN=[26+(6×2)]-2=36
<Kr에 해당.>

(사각 쌍뿔 구조)

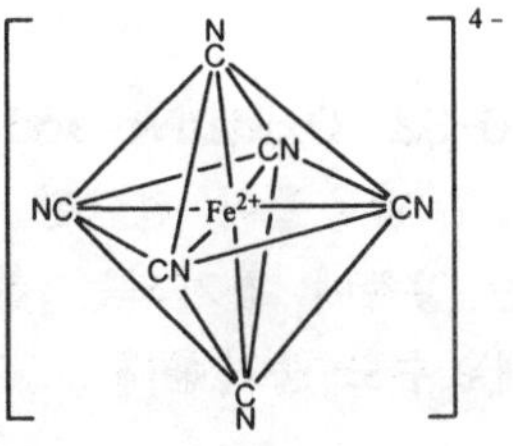

$[Fe(CN)_6]^{4-}$

10-30 Metallocene; 메탈로센

전이 금속이 두개의 방향족 π-전자 계 사이에 끼어 있는 착물의 총칭.
* 일명, Sandwich compound (샌드위치 화합물)이라고도 한다.

$[Fe(\eta^5\text{-}C_5H_5)_2]$

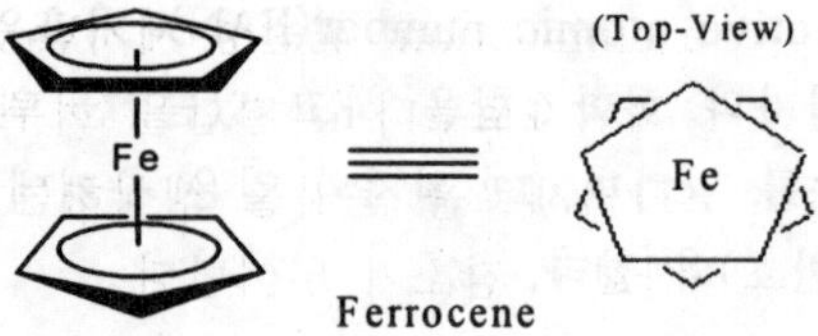

Ferrocene

10-31 Coordinative unsaturation; 배위 불포화

전이금속 착물에서 중심 금속원자가 비활성 원소의 전자 수보다 작은 유효 원자번호(EAN)를 가질 때를 지칭.
즉 [(배위수×2) + *d* orbital의 전자 수] 값이 18 보다 작을 때를 말한다. [이것이 18과 같으면 배위 포화(coordinative saturation)]

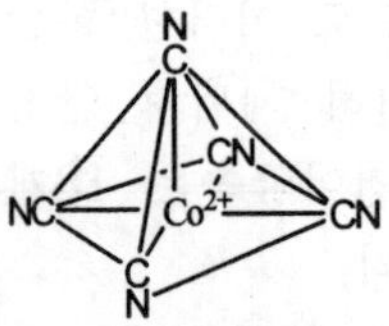

Co^{2+}의 전자배치:$1s^2,2s^2,2p^6,3s^2,3p^6,3d^7,4s^0$
(5×2)+ 7=17 (<18)
따라서 <배위 불포화> 착물.

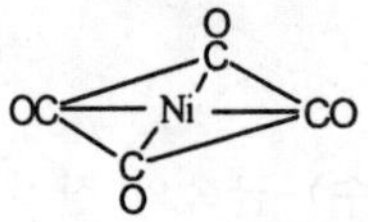

Ni의 전자배치:$1s^2,2s^2,2p^6,3s^2,3p^6,3d^{10},4s^2$
(4×2)+ 10=18 (=18)
따라서 <배위 포화> 착물.

10-32 Oxidative addition; 산화성 첨가반응

반응물이 절단된 두 부분이 착물 중심 금속원자의 한 쪽 또는 양쪽에 첨가되는 산화반응. 따라서 금속의 산화수는 증가하고 배위수도 증가한다.

배위수 4개인 4각형 구조에서 6개인 사각 쌍뿔 구조로 변환. ($Rh^+ \rightarrow Rh^{3+}$, 산화수증가)

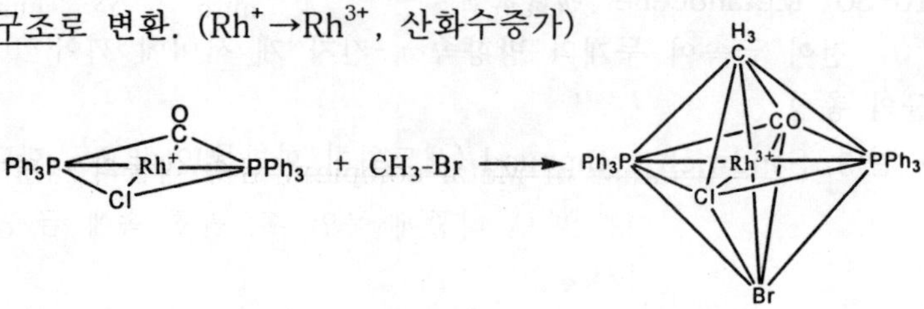

10-33 Reductive elimination; **환원성 제거반응**

착물 중심 금속원자로부터 σ 결합을 이루고 있는 두개의 리간드들이 떨어져 나가 새로운 분자를 생성하는 것. 따라서 배위수의 감소와 금속의 산화수 감소가 일어난다.
(Oxidative addition과 역 반응 관계에 있다.)

10-34 Insertion reaction; **삽입 반응**

한 화학종이 다른 분자의 결합 사이로 끼어 들어가서 다른 화합물로 변하는 비가역 반응.

카르벤이 C-H 결합 사이로 삽입된 반응.

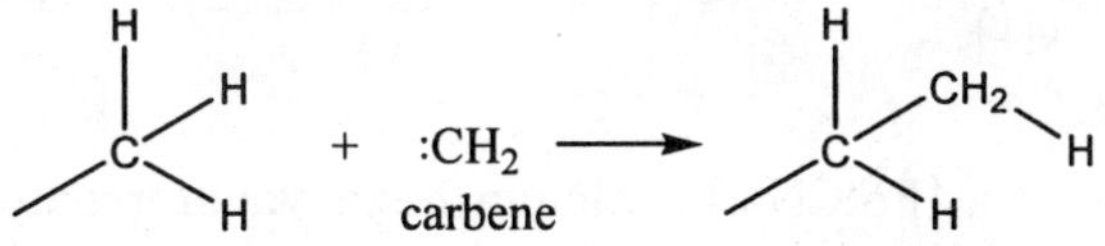

에틸렌(CH_2=CH_2)이 Co-H 결합 사이로 삽입된 반응.

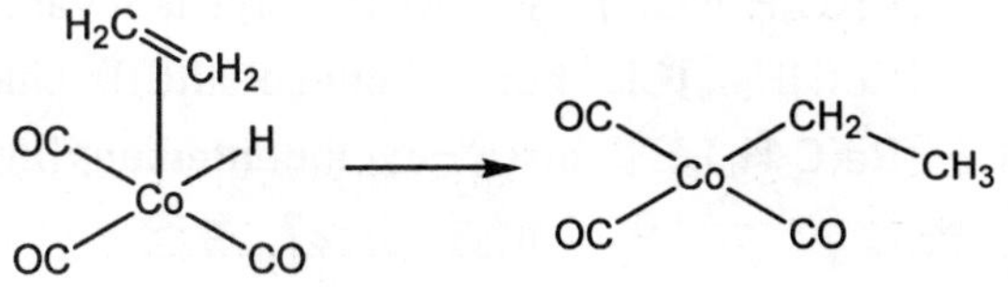

10-35 Ambident ligand; **양쪽성 리간드**

두개의 다른 전자-주기(electron-donating) 원자들을 가지고 있는 리간드.

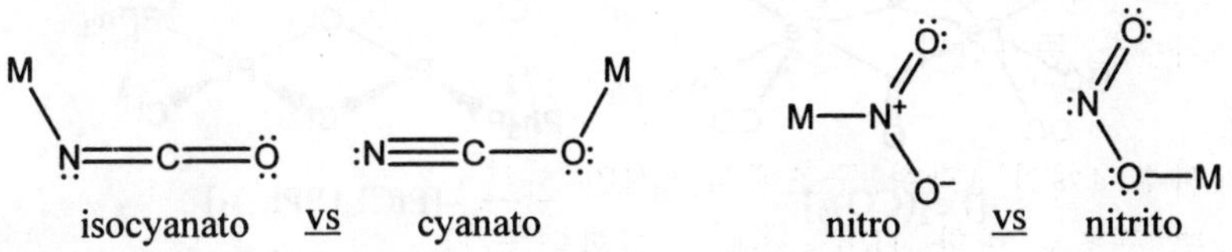

10-36 Nomenclature of Metal complex; **금속 착물의 명명법**

1) 중심 금속원자 이름은 맨 나중에 붙인 후, 괄호 속에 금속의 산화수를 로마 숫자로 표기.

2) 리간드의 명칭은 음이온-중성 분자(원자)-양이온 순서로 붙이고 각 부분 속에는 알파벳 순서에 따른다. 음이온의 명칭 어미에는 "~O"가 붙고, 중성분자(원자)나 양이온 명칭에는 아무런 변화가 없다. (예외로, H_2O: aquo, NH_3: ammine, NO: nitrosyl, CO: carbonyl)
3) 음이온 착물은 금속원자 이름에 접미어로 "~ate"로 바뀐다. (예외로, Fe: ferrate, Cu: cuprate, Pb: plumbate, Au: aurate, Ag: argenate, Sn: stannate)
4) 다리 원자단(bridging group)은 그 이름 앞에 "μ-"를 붙인다.
5) 착물 부분에 해당하는 분자식(또는 이온) 양쪽에는 [ ]로 마감한다.

(예) $Ca_2[Fe(CN)_6]$: calcium hexacyanoferreate(II),
$K[PtCl_3(C_2H_4)]$: potassium trichloro(ethylene)platinate(II),
$[Cr(C_6H_5NC)_6]$: hexakis(phenyl isocyanide)chromium(0),
$[Co(NH_3)_6]Cl_3$: hexamminecobalt(III) chloride,
$[Re(C_5H_5)_2H]$: bis(η^5-cyclopentadienyl)hydridorhenium(III)
< η^5는 10-27, 참조 >
$[Mn_2(CO)_{10}]$: decacarbonyldimanganese(0),
$[Fe(CO)_3(C_8H_8)]$: tricarbonyl(cyclooctatetraene)iron(0),

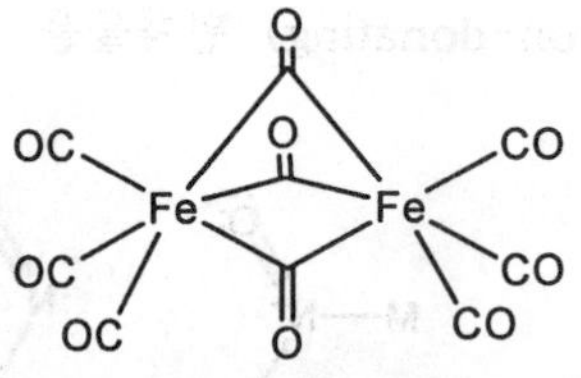

$[Fe_2(CO)_9]$
tri-μ-carbonylbis [tricarbonyliron(0)]

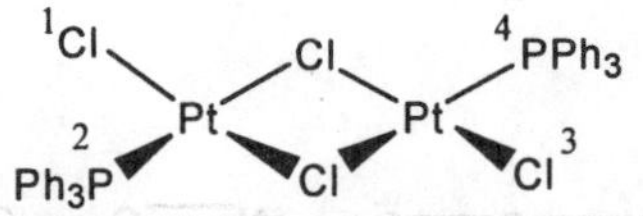

$[PtCl_4(PPh_3)_2]$
di-μ-dichloro-1,3-dichloro-2,4-bis (triphenylphosphine)diplatinum(II)

10-37 Metal cluster compound; 금속뭉치 화합물

직접 금속-금속 결합을 이루고 있는 금속 착물.

Co 금속들이 사면체 구조의 꼭지점에서 서로 연결되어 있는 Co 금속뭉치 화합물.

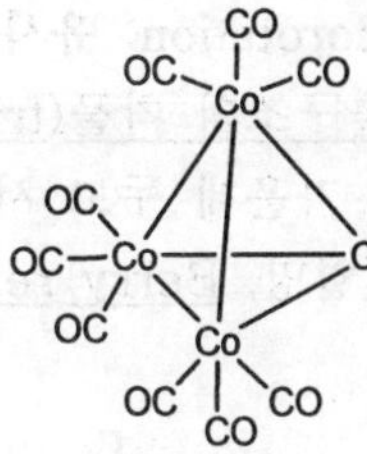

$[Co_4(CO)_{12}]$

10-38 Metallacycle (Metallocycle); 금속 함유 고리화합물

하나의 금속을 포함한 고리구조 골격을 이루고 있는 화합물.

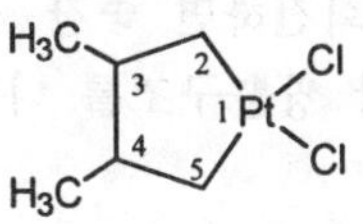

1,1-dichloro-3,4-dimethyl platinacyclopentane

10-39 Olefin metathesis; 올레핀 상호교환 반응

두개의 올레핀(olefin) 사이에서 일어나는 반응으로 올레핀에 치환된 원자(단)이 서로 자리바꿈을 일으킨다.

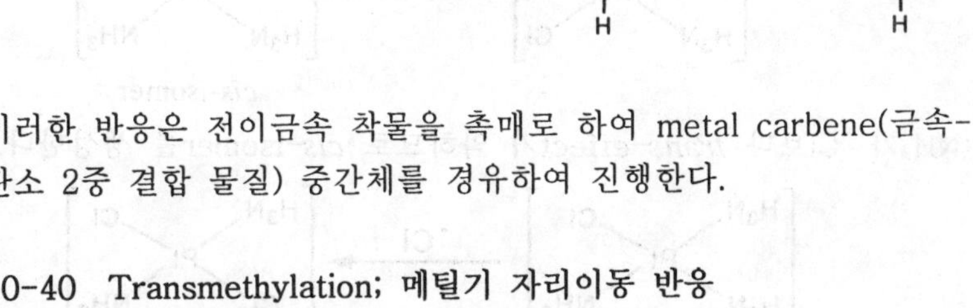

이러한 반응은 전이금속 착물을 촉매로 하여 metal carbene(금속-탄소 2중 결합 물질) 중간체를 경유하여 진행한다.

10-40 Transmethylation; 메틸기 자리이동 반응

전이금속에 붙은 메틸기가 다른 분자로 이동하는 반응.

특히 vitamin B_{12}의 환원성 제거반응에서 효소에 의한, Co(코발트)와 결합한 메틸기가 자리 이동하는 반응.

10-41 Pseudorotation; 유사 회전

삼각 쌍뿔구조의 착물(trigonal bipyramidal complex)에서 처럼 중심원자를 가운데 두고 서로 순차교환(permutation)에 의한 자리옮김 현상. (일명, Berry rearrangement 라고도 한다.)

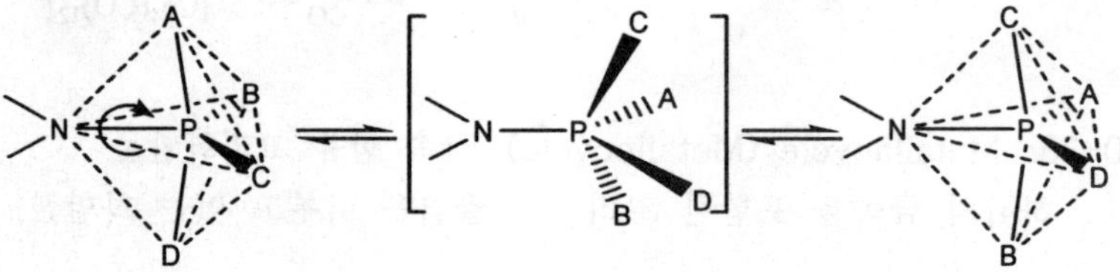

* N-P 축을 중심으로 화살표 방향으로 회전하면 중간 구조골격을 거쳐 치환체 위치가 바뀐, 또 다른 삼각 쌍뿔구조를 나타낸다.

10-42 *trans*-Effect; 트란스 효과

4각형 평면구조 착물에서 원자(단)이 치환반응을 일으킬 때, *cis*-위치보다는 *trans*-위치에서 더 잘 일어나는 리간드의 상대적 세기.

* 리간드의 *trans*-effect 세기 순서:

CO, ^-CN, C_2H_4,>PR_3, H^-,>$^-CH_3$,>Ph^-, NO_2^-, I^-, ^-SCN,>Br^-, Cl^-,>Pyridine(C_5H_5N),>NH_3, ^-OH, H_2O.

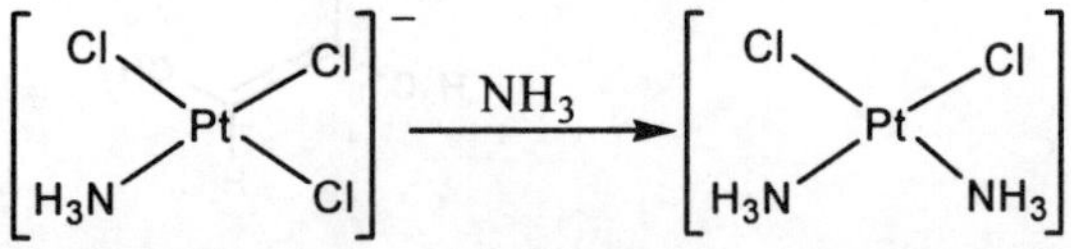

cis-isomer

(NH_3가 ^-Cl보다 *trans*-effect가 약하므로 *cis*-isomer를 생성한다.)

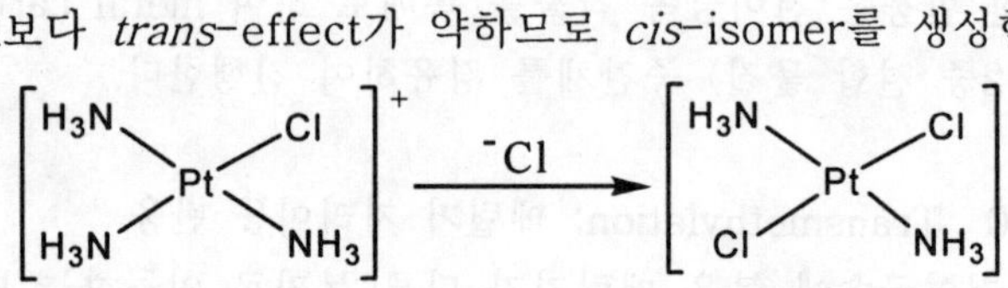

trans-isomer

(^-Cl가 NH_3보다 *trans*-effect가 강하므로 *trans*-isomer를 생성.)

세상에 태어나서 한번도 좋은 생각을 갖지 않은 사람은 없다.
다만 그것이 계속되지 않았을 뿐이다.
어제 맨 끈은 오늘 느슨하기 쉽고 내일은 풀어지기 쉽다.
매일 끈을 다시 여미어야 하듯, 사람도 그가 결심한 일은
나날이 거듭 여미어야 변하지 않는다.

- 채근담 -

< 참고 문헌 >

- "화학술어집", 대한화학회 편, (1994)
- "종합 술어집", 한국 과학 관련학회 연합회 편, 자유아카데미,(2002)
- "유기화합물 명명법", 대한화학회 편, (1981)
- "무기화합물 명명법", 대한화학회 편, (1982)
- 이우영, "최신 화학용어 사전", 탐구당, (1985)
- 김을산 외, "일반화학", 청문각, (!985)
- 이승달 외, "일반화학", 청문각, (2002)
- J. March, "Advanced Organic Chemistry", 2nd Ed., McGraw-Hill, (1977)
- R. T. Morrison and R. N. Boyd, "Organic Chemistry", 3rd Ed., Allyn and Bacon, (1973)
- H. O. House, "Modern Synthetic Reactions", 2nd Ed., Benjamin, (1972)
- J. Hornback, "Organic Chemistry", 2nd Ed., Thomson Brooks/cole, (2006)
- F. A. Cotton and G. Wlikinson, "Advanced Inorganic Chemistry", 4th Ed., John Wiley & Sons, (1980)
- J. A. Joule, K. Mills and G. F. Smith, "Heterocyclic Chemistry", 3rd ed., Chapman & Hall, (1995)
- M. Orchin, F. Kaplan, R. S. Macomber, R. M. Wilson, and H. Zimmer, "The Vocabulary of Organic Chemistry", John Wiley & Sons. (1980)
- T. L. Gilchrist, "Heterocyclic Chemistry", 2nd Ed., Longman, (1992)

- D. H. Williams and I. Fleming, "Spectroscopic methods in Organic Chemistry", 2nd Ed., McGraw-Hill, (1973)
- K. Weissermel and H.-J. Arpe, "Industrial Organic Chemistry",(translated by A. Mullen), Verlag Chemie, (1978)
- I. Fleming, "Frontier Orbitals and Organic Chemical Reactions", John Wiley & Sons, (1976)
- F. A. Carey and R. J. Sundberg, "Advanced Organic Chemistry", Part A & B, 2nd Ed., Plenum, (1984)
- E. Negishi, "Organometallics in Organic Synthesis", John Wiley & Sons, (1980)
- "Natural Products Chemistry", Vol. 1 & 2, Edited by K. Nakanishi, T. Goto, S. Ito, S. Natori, and S. Nozoe, Kodansha, (1975)
- G. Odian, "Principles of Polymerization", 3rd Ed., John Wiley & Sons. (1991)
- H. R. Alcock and F. W. Lampe, "Contemporary Polymer Chemistry", 2nd Ed., Prentice-Hall, (1990)
- M. P. Stevens, "Polymer Chemistry", 2nd Ed., Oxford, (1990)
- A. I. Lehninger, "Biochemistry", Worth Publishers, (1970)
- "Concise Chemical and Technical Dictionary", Edited by H. Bennett, 3rd Ed., Chemical Publishing Co., (1974)
- "Concise Dictionary of Chemistry", Edited by J. Daintith, Oxford, (1990)
- "Catalog Handbook of Fine Chemicals", Aldrich Chemical Co., (1998)

맹인으로 태어나는 것보다 더 불쌍한 것이
뭐냐고 나에게 물을 때, 그 때마다 나는
"시력은 있으되 비젼이 없는 것" 이라고 답한다.

- 헬렌켈러 -

INDEX

<E>

<F>

<G>

<S>

찾아보기

<ㅂ>

<ㅅ>

<ㅇ>

화학용어 쉽게 풀어쓰기

초판인쇄일 | 2006년 3월 20일
초판발행일 | 2006년 3월 31일

지은이 | 이승달
펴낸이 | 김영복
펴낸곳 | 도서출판 황금알

주간 | 김영탁
실장 | 조경숙
편집 | 칼라박스
표지디자인 | 칼라박스
주소 | 100-272 서울시 중구 필동2가 124-11 2F
전화 | 02)2275-9171
팩스 | 02)2275-9172
이메일 | tibet21@hanmail.net
홈페이지 | http://goldegg21.com
출판등록 | 2003년 03월 26일(제10-2610호)

값 10,000원

ISBN 89-91601-30-8-93430

<원자번호-원소기호-원소명 순으로 나열된 표>

1	H	Hydrogen (수소)	41	Nb	Niobium (니오브)	81	Tl	Thallium (탈륨)
2	He	Helium (헬륨)	42	Mo	Molybdenum (몰리브덴)	82	Pb	Lead (납)
3	Li	Lithium (리튬)	43	Tc	Technetium (테크네튬)	83	Bi	Bismuth (비스무트)
4	Be	Beryllium (베릴륨)	44	Ru	Ruthenium (루테늄)	84	Po	Polonium (폴로늄)
5	B	Boron (붕소)	45	Rh	Rhodium (로듐)	85	At	Astatine (아스타틴)
6	C	Carbon (탄소)	46	Pd	palladium (팔라듐)	86	Rn	Radon (라돈)
7	N	Nitrogen (질소)	47	Ag	Silver (은)	87	Fr	Francium (프랑슘)
8	O	Oxygen (산소)	48	Cd	Cadmium (카드뮴)	88	Ra	Radium (라듐)
9	F	Fluorine (플루오르)	49	In	Indium (인듐)	89	Ac	Actinium (악티늄)
10	Ne	Neon (네온)	50	Sn	Tin (주석)	90	Th	Thorium (토륨)
11	Na	Sodium (나트륨)	51	Sb	Antimony (안티몬)	91	Pa	Protactinium (프로트악티늄)
12	Mg	Magnesium (마그네슘)	52	Te	Tellurium (텔루르)	92	U	Uranium (우라늄)
13	Al	Aluminum (알루미늄)	53	I	Iodine (요오드)	93	Np	Neptunium (넵투늄)
14	Si	Silicon (규소)	54	Xe	Xenon (크세논)	94	Pu	Plutonium (플루토늄)
15	P	Phosphorus (인)	55	Cs	Cesium (세슘)	95	Am	Americium (아메리슘)
16	S	Sulfur (황)	56	Ba	Barium (바륨)	96	Cm	Curium (퀴륨)
17	Cl	Chlorine (염소)	57	La	Lanthanum (란탄)	97	Bk	Berkelium (버클륨)
18	Ar	Argon (아르곤)	58	Ce	Cerium (세륨)	98	Cf	Californium (칼리포르늄)
19	K	Potassium (칼륨)	59	Pr	Praseodymium (프라세오디뮴)	99	Es	Einsteinium (아인시타이늄)
20	Ca	Calcium (칼슘)	60	Nd	Neodymium (네오디뮴)	100	Fm	Fermium (페르뮴)
21	Sc	Scandium (스칸듐)	61	Pm	Promethium (프로메튬)	101	Md	Mendelvium (멘델레븀)
22	Ti	Titanium (티탄)	62	Sm	Samarium (사마륨)	102	No	Nobelium (노벨륨)
23	V	Vanadium (바나듐)	63	Eu	Europium (유로퓸)	103	Lr	Lawrencium (로렌슘)
24	Cr	Chromium (크롬)	64	Gd	Gadolinium (가돌리늄)	104	Rf	Rutherfordium (러더포르듐)
25	Mn	Manganese (망간)	65	Tb	Terbium (테르븀)	105	Db	Dubnium (더브늄)
26	Fe	Iron (철)	66	Dy	Dysprosium (디스프로슘)	106	Sg	Seaborgium (세아보르귬)
27	Co	Cobalt (코발트)	67	Ho	Holmium (홀뮴)	107	Bh	Bohrium (보륨)
28	Ni	Nickel (니켈)	68	Er	Erbium (에르븀)	108	Hs	Hassium (하슘)
29	Cu	Copper (구리)	69	Tm	Thulium (툴륨)	109	Mt	Meitnerium (마이트너륨)
30	Zn	Zinc (아연)	70	Yb	Ytterbium (이테르븀)	110	Ds	Darmstadtium (담스타튬)
31	Ga	Gallium (갈륨)	71	Lu	Lutetium (루테튬)	111	Rg	Roentgenium (뢴트게늄)
32	Ge	Germanium (게르마늄)	72	Hf	Hafnium (하프늄)	112		
33	As	Arsenic (비소)	73	Ta	Tantalum (탄탈)			
34	Se	Selenium (셀렌)	74	W	Tungsten (텅스텐)	114		
35	Br	Bromine (브롬)	75	Re	Rhenium (레늄)			
36	Kr	Krypton (크립톤)	76	Os	Osmium (오스뮴)	116		
37	Rb	Rubidium (루비듐)	77	Ir	Iridium (이리듐)			
38	Sr	Strontium (스트론튬)	78	Pt	Platinum (백금)			
39	Y	Yttrium (이트륨)	79	Au	Gold (금)			
40	Zr	Zirconium (지르코늄)	80	Hg	Mercury (수은)			

붉은색은 금속,
푸른색은 반금속,
흑색은 비금속 원소.

* 주기율표 상의 괄호안 숫자는 가장 안정한 방사성 동위원소의 질량수.